U0381489

高等职业教育土建类新形态一体化教材

# 工程项目管理

### （微课视频版）

主　编　赵权威　应明轶

副主编　程显风　郑　东

　　　　魏宝兰　连乐强

中国水利水电出版社

www.waterpub.com.cn

·北京·

# 内 容 提 要

本书以项目为主导，详细阐述了我国工程项目管理的主要内容、实战经验与案例。内容包括工程项目组织管理、工程项目进度管理、工程项目质量管理、工程项目职业健康安全管理、工程项目成本管理和工程项目信息化管理。本书内容翔实，通俗易懂，实用性强，每个项目均有课后练习，以巩固对知识要点的理解和掌握。本书是高等职业教育土建类新形态一体化教材，配有丰富的教学视频和课件，扫描书中的二维码即可获取。

本书可作为高职高专院校建筑工程类相关专业的教材和指导书，也可作为土建施工类及工程管理类等相关职业资格考试的培训教材，还可以作为工程技术人员的参考资料。

## 图书在版编目（ＣＩＰ）数据

工程项目管理 ：微课视频版 / 赵权威，应明轶主编
-- 北京 ：中国水利水电出版社，2022.5
高等职业教育土建类新形态一体化教材
ISBN 978-7-5226-0701-6

Ⅰ．①工… Ⅱ．①赵… ②应… Ⅲ．①工程项目管理
－高等职业教育－教材 Ⅳ．①F284

中国版本图书馆CIP数据核字(2022)第080403号

| | |
|---|---|
| 书　　　名 | 高等职业教育土建类新形态一体化教材<br>**工程项目管理（微课视频版）**<br>GONGCHENG XIANGMU GUANLI (WEIKE SHIPINBAN) |
| 作　　　者 | 主　编　赵权威　应明轶<br>副主编　程显风　郑　东　魏宝兰　连乐强 |
| 出 版 发 行 | 中国水利水电出版社<br>（北京市海淀区玉渊潭南路１号Ｄ座　100038）<br>网址：www.waterpub.com.cn<br>E-mail：sales@mwr.gov.cn<br>电话：（010）68545888（营销中心） |
| 经　　　售 | 北京科水图书销售有限公司<br>电话：（010）68545874、63202643<br>全国各地新华书店和相关出版物销售网点 |
| 排　　　版 | 中国水利水电出版社微机排版中心 |
| 印　　　刷 | 天津嘉恒印务有限公司 |
| 规　　　格 | 184mm×260mm　16开本　10.75印张　301千字 |
| 版　　　次 | 2022年5月第1版　2022年5月第1次印刷 |
| 印　　　数 | 0001—2000册 |
| 定　　　价 | **39.00元** |

# 前 言

目前，我国建筑业的发展已经位居国际先进水平，其成果也得到了国际领域的认可，成绩不容小觑。在项目管理的发展中，既是受益者也是推动者，更是需求者。鲁布革水电站工程首次引入项目管理的方法和手段进行管理。此后，项目管理在建筑业得到广泛应用，其最直接和最明显地体现在进度控制的手段和方法上。随着项目参与各方的国际化，工程项目管理已成为高知识、高技能的一门课程。

本书详细地阐述了我国工程项目管理的主要内容、实战经验与案例，着重于工程项目各阶段的组织、进度、质量、安全、成本及信息化管理手段和方法，并对当前我国工程项目管理现状和发展、相关经济知识及项目管理信息系统做了切实的总结和提炼。本书共分 6 个项目，主要包含工程项目组织管理、工程项目进度管理、工程项目质量管理、工程项目职业健康安全管理、工程项目成本管理和工程项目信息化管理。

本书可安排 48～64 学时，推荐学时分配如下：项目 1 为 4～6 学时，项目 2 为 12～16 学时，项目 3 为 16～20 学时，项目 4 为 4～8 学时，项目 5 为 8～12 学时，项目 6 为 4～8 学时。教师可根据不同的专业灵活安排学时，重点讲解每个项目的主要知识模块，对于章节中的知识链接和习题等模块，可安排学生课后阅读和练习。其中，课后练习题多选自二级建造师工程项目管理科目的历年真题，可作为二级建造师、建筑施工企业关键技术岗位考试复习用书。

相关课程已在智慧职教 MOOC 学院上线，学员可通过云课堂智慧职教 App→MOOC 学院→搜索建筑工程项目管理（赵权威）进行学习。相关 App 与小程序如下：

App 下载链接

小程序

　　本书由金华职业技术学院赵权威和应明轶担任主编，金华职业技术学院程显风、宁波职业技术学院郑东、太原城市职业技术学院魏宝兰、温州中邦工程设计有限公司连乐强担任副主编，全书由赵权威负责统稿。本书具体章节编写分工：应明轶编写项目 1 和项目 2 部分内容；郑东编写项目 3；赵权威编写项目 4、项目 2 和项目 5 部分内容；魏宝兰、连乐强编写项目 5 部分内容；程显风、厉明山编写项目 6。浙江盛合建设工程有限公司厉明山、温州中邦工程设计有限公司连乐强对本书进行了审读。金华职业技术学院张卫民、陈兰云，杭州宏悦建筑工程有限公司刘锦铖对本书的编写工作提供了很多的帮助，在此一并表示感谢！

　　本书还存在许多不完善之处，恳请各位读者提出宝贵意见。此外，在编写过程中，参考和引用了国内的文献资料，在此谨向相关作者表示衷心的感谢。

**编者**

2022 年 5 月

# 目 录

前言

项目**1** ▶ **工程项目组织管理** ·········································· 1

任务 1.1 工程项目管理概述 ·········································· 1

任务 1.2 工程项目组织管理概述 ···································· 6

任务 1.3 工程项目组织管理结构 ···································· 8

任务 1.4 工程项目组织管理基本形式 ······························ 9

任务 1.5 项目团队组建 ············································ 10

任务 1.6 项目组织管理案例——鲁布革水电站 ···················· 12

课后练习 ························································· 15

项目**2** ▶ **工程项目进度管理** ········································· 19

任务 2.1 工程项目进度管理前期工作 ······························ 19

任务 2.2 工程项目持续时间估算 ···································· 20

任务 2.3 工程项目进度计划编制 ···································· 22

任务 2.4 工程项目进度实施与控制 ································· 31

任务 2.5 流水施工方法 ············································ 35

任务 2.6 工程项目管理进度案例——丁渭修城 ···················· 40

课后练习 ························································· 40

项目**3** ▶ **工程项目质量管理** ········································· 46

任务 3.1 工程项目质量管理概念 ···································· 46

任务 3.2 工程项目质量管理体系 ···································· 52

任务 3.3 工程项目质量管理计划 ···································· 56

任务 3.4 工程项目质量管理控制与保证措施 ······················ 58

任务 3.5 建设工程项目施工质量验收 ······························ 63

任务 3.6 工程项目质量的预防与处置 ················· 66

任务 3.7 工程项目质量改进 ················· 71

课后练习 ················· 71

## 项目4 ▶ 工程项目职业健康安全管理 ················· 74

任务 4.1 工程项目职业健康安全管理概述 ················· 74

任务 4.2 工程项目职业健康安全事故的分类与处理 ················· 76

任务 4.3 工程项目安全管理体系 ················· 80

任务 4.4 工程项目安全管理措施 ················· 82

任务 4.5 职业健康安全管理方案——国家游泳中心（水立方） ················· 92

课后练习 ················· 99

## 项目5 ▶ 工程项目成本管理 ················· 104

任务 5.1 工程项目成本管理概述 ················· 104

任务 5.2 工程项目投资管理 ················· 106

任务 5.3 工程项目造价管理 ················· 120

任务 5.4 工程项目成本管理 ················· 127

任务 5.5 工程项目结算与支付管理 ················· 132

任务 5.6 工程项目成本管理案例——杭州湾大桥建设项目经济效益评价 ······ 137

课后练习 ················· 140

## 项目6 ▶ 工程项目信息化管理 ················· 143

任务 6.1 工程项目信息化管理概述 ················· 143

任务 6.2 工程项目管理信息系统 ················· 147

任务 6.3 工程项目文档管理 ················· 150

任务 6.4 工程管理信息化技术的发展概况 ················· 152

任务 6.5 工程项目管理中的软件信息 ················· 154

任务 6.6 工程项目管理信息方案——奥运数字背景大厦工程 ················· 156

课后练习 ················· 160

课后练习参考答案 ················· 163

参考文献 ················· 164

# 项目1 ▶ 工程项目组织管理

● **学习目标**

1. 了解工程项目管理的概念、项目管理的类型及具体内容。
2. 熟悉项目管理和建设工程项目管理的差异。
3. 熟悉组织管理结构。
4. 熟悉项目团队组建的流程。

● **能力目标**

1. 掌握工程项目管理的概念并能进行实际应用。
2. 掌握项目管理分类的依据。
3. 掌握组织管理结构。
4. 掌握项目团队建设的五个阶段。

● **思政目标**

1. 树立团队意识。
2. 树立严谨的工作态度。

广厦万间，
走进工程项
目管理——
工程项目
组织管理

## 任务 1.1　工程项目管理概述

### 1.1.1　工程项目管理的内涵

美国项目管理协会（PMI）在《项目管理知识体系指南（第 5 版）》一书中指出，项目管理是将各种知识、技能、手段和技术投入到项目活动中去的综合应用过程，目的是满足或超过项目所有者对项目的需求和期望。

英国皇家特许建造学会（CIOB）认为，项目管理是自项目开始至项目完成，通过项目策划和项目控制，以使项目的费用目标、进度目标和质量目标得以实现。

工程项目
管理介绍

工程项目
管理

《中国项目管理知识体系》(第二版) 提出项目管理是以项目为对象的系统管理方法，通过一个临时性的柔性组织，对项目进行高效率的计划、组织、指挥和控制，在综合、协调、优化的运作下实现项目全过程的动态管理和项目的特定目标。

综上所述，项目管理是指从项目的投资决策开始到项目结束的全过程，通过项目经理和项目组织的努力，对项目进行计划、组织、协调、控制，以实现项目特定目标的管理方法体系。

## 1.1.2　工程项目管理的含义

工程项目管理的含义包括以下几个方面：

（1）项目管理的客体是项目本身。

（2）项目管理的主体是柔性化项目组织，即以项目经理为主导的项目组织。

（3）项目管理的职能与其他管理职能完全一致，是对项目及资源进行计划、组织、协调和控制。

（4）项目管理的目的是实现项目的特定目标。

（5）项目管理的时间是从项目开始到项目结束。

（6）项目管理是一个过程。

工程项目管理的概念和分类

### 1.1.3　建设工程项目管理的内涵

建设工程项目管理是隶属于工程项目管理的一部分，建设工程项目管理的内涵是：从事工程项目管理的企业受工程项目业主方委托，对工程建设全过程或分阶段进行专业化管理和服务活动。自项目开始至项目完成，通过项目策划和项目控制使项目的费用目标、进度目标和质量目标得以实现。"自项目开始至项目完成"指的是项目的实施期。"项目策划"指的是项目实施的策划（它区别于项目决策期的策划），即项目目标控制前的一系列筹划和准备工作。"费用目标"对业主而言是投资目标，对施工方而言是成本目标。项目决策期管理工作的主要任务是确定项目的定义，而项目实施期管理的主要任务是通过管理使项目的目标得以实现。

## 1.1.4　建设工程项目管理的划分

### 1.1.4.1　建设工程项目管理的类型

按建设工程生产组织的特点，一个项目往往由众多参与单位承担不同的建设任务，而各参与单位的工作性质、工作任务和利益不同，因此就形成了不同类型的项目管理。由于业主方是建设工程项目生产过程的总集成者人力资源、物质资源和知识的集成，业主方也是建设工程项目生产过程的总组织者，因此对于一个建设工程项目而言，虽然有代表不同利益方的项目管理，但是，业主方的项目管理是管理的核心。按建设工程项目不同参与方的工作性质和组织特征划分，主要有六种类型，即业主方项目管理、设计方项目管理、施工方项目管理、供货方项目管理、建设项目工程总承包方项目管理、其他建设工程项目管理。建设工程项目管理类型如图 1.1 所示。

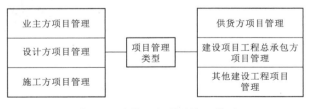

图 1.1　建设工程项目管理类型

投资方、开发方和由咨询公司提供的代表业主方利益的项目管理服务都属于业主方的项目管理。施工总承包方和分包方的项目管理都属于施工方的项目管理。材料和设备供应方的项目管理都属于供货方的项目管理。建设项目总承包有多种形式，如设计和施工任务综合的承包，设计、采购和施工任务综合的承包（简称"EPC 承包"）等，它们的项目管理都属于建设工程项目总承包方的项目管理。

建设工程项目从项目建议书、可行性报告、项目审批核查、环评、工程设计、准备施工、工程在建到工程的完工的每一步进展情况，都需要在建设工程交易中心进行备案。工程项目每个阶段的招标公告都要经由各地建设工程交易中心汇总上报给中国建设工程交易中心，由中国建设工程交易中心网站统一组织发布最新的招标公告，并对投标单位和项目经理进行备案，以便项目管理核查。

### 1.1.4.2　业主方项目管理的目标和任务

业主方项目管理服务于业主的利益，其项目管理的目标包括项目的投资目标、进度目标和质量目标。其中投资目标指的是项目的总投资目标。进度目标指的是项目动用的时间目标，即项目交付使用的时间目标，如工厂建成可以投入生产、道路建成可以通车、办公楼可以启用、旅馆可以开业的时间目标等。项目的质量目标不仅涉及施工的质量，还包括设计质量、材料质量、设备质量和影响项目运行或运营的环境质量等。质量目标包括满足相应的技术规范和技术标准的规定，以及满足业主方相应的质量要求。

项目的投资目标、进度目标和质量目标之间既有矛盾的一面，也有统一的一面，它们之间是对立统一的关系。要加快进度往往需要增加投资，欲提高质量往往也需要增加投资，过度地缩短进度会影响质量目标的实现，这都表现了目标之间关系矛盾的一面。但通过有效的管理，在不增加投资的前提下，也可缩短工期和提高工程质量，这反映了关系统一的一面。

建设工程项目的全寿命周期包括项目的决策阶段、实施阶段和使用阶段。项目的实施阶段包括设计前的准备阶段、设计阶段、施工阶段、动用前准备阶段和保修期，招标投标工作分散在设计前的准备阶段、设计阶段和施工阶段中进行，因此可以不单独列为招标投标阶段。

业主方的项目管理工作涉及项目实施阶段的全过程，即在设计前的准备阶段、设计阶段、施工阶段、动用前准备阶段和保修期分别进行如下工作：

（1）安全管理。

（2）投资控制。

（3）引进度控制。

（4）质量控制。

（5）合同管理。

（6）信息管理。

（7）组织和协调。

业主方项目管理任务分解见表 1.1。

其中安全管理是项目管理中最重要的任务，因为安全管理关系到人身的健康与安全，而投资控制、进度控制、质量控制和合同管理等则主要涉及物质利益。

### 1.1.4.3　设计方项目管理的目标和任务

设计方作为项目建设的参与方之一，其项目管理主要服务于项目的整体利益和设计方

**表 1.1**　　　　　　　　　　　　　　　业主方项目管理任务分解

| 工作内容 | 设计前的准备阶段 | 设计阶段 | 施工阶段 | 动用前准备阶段 | 保修期 |
|---|---|---|---|---|---|
| 安全管理 | | | | | |
| 投资控制 | | | | | |
| 引进度控制 | | | | | |
| 质量控制 | | | | | |
| 合同管理 | | | | | |
| 信息管理 | | | | | |
| 组织和协调 | | | | | |

本身的利益。其项目管理的目标包括设计的成本目标、设计的进度目标和设计的质量目标，以及项目的投资目标。项目的投资目标能否实现与设计工作密切相关。设计方的项目管理工作主要在设计阶段进行，但它也涉及设计前的准备阶段、施工阶段、动用前准备阶段和保修期。

设计方项目管理的任务包括：与设计工作有关的安全管理、设计成本控制和与设计工作有关的工程造价控制、设计质量控制、设计合同管理、设计信息管理、与设计工作有关的组织和协调。

### 1.1.4.4　供货方项目管理的目标和任务

供货方作为项目建设的参与方之一，其项目管理主要服务于项目的整体利益和供货方本身的利益。其项目管理的目标包括供货方的成本目标、供货的进度目标和供货的质量目标。供货方的项目管理工作主要在施工阶段进行，但它也涉及设计准备阶段、设计阶段、动用前准备阶段和保修期。

供货方项目管理的主要任务包括：供货的安全管理、供货方的成本控制、供货的进度控制、供货的质量控制、供货的合同管理、供货的信息管理、与供货有关的组织与协调。

### 1.1.4.5　建设项目工程总承包方项目管理的目标和任务

建设项目工程总承包方作为项目建设的参与方之一，其项目管理主要服务于项目的利益和建设项目总承包方本身的利益。其项目管理的目标包括项目的总投资目标和总承包方的成本目标、项目的进度目标和项目的质量目标。建设项目工程总承包方项目管理工作涉及项目实施阶段的全过程，即设计前的准备阶段、设计阶段、施工阶段、动用前准备阶段和保修期。建设项目工程总承包方的管理工作涉及：项目设计管理、项目采购管理、项目施工管理、项目试运行管理和项目收尾等。其中属于项目总承包方项目管理的任务包括：项目风险管理、项目进度管理、项目质量管理、项目费用管理、项目安全、职业健康与环境管理、项目资源管理、项目沟通与信息管理、项目合同管理等。

### 1.1.4.6　施工方项目管理的目标和任务

施工方作为项目建设的参与方之一，其项目管理主要服务于项目的整体利益和施工方本身的利益。其项目管理的目标包括施工的成本目标、施工的进度目标和施工的质量目标。施工方的项目管理工作主要在施工阶段进行，但它也涉及设计准备阶段、设计阶段、动用前准备阶段和保修期。在工程实践中，设计阶段和施工阶段往往是交叉的，因此施工方的项目管理作业涉及设计阶段。

施工方项目管理的任务包括：施工安全管理、施工成本控制、施工进度控制、施工质量控制、施工合同管理、施工信息管理、与施工有关的组织与协调。

施工方是承担施工任务的单位的总称谓，它可能是施工总承包方、施工总承包管理方、分包施工方、建设项目总承包的施工任务执行方或仅仅提供施工劳务的参与方。当施工方担任的角色不同，其项目管理的任务和工作重点也会有差异。总承包方对所承包的建设工程承担施工任务的执行和组织的总责任，它的主要管理任务如下：

（1）负责整个工程的施工安全、施工总进度控制、施工质量控制和施工的组织与协调等。

（2）控制施工的成本（这是施工总承包方内部的管理任务）。

（3）施工总承包方是工程施工的总执行者和总组织者，它除了完成自己承担的施工任务以外，还负责组织和指挥它自行分包的分包施工单位和业主指定的分包施工单位的施工（业主指定的分包施工单位有可能与业主单独签订合同，也可能与施工总承包方签约，不论采用何种合同模式，施工总承包方应负责组织和管理业主指定的分包施工单位的施工，这也是国际惯例），并为分包施工单位提供和创造必要的施工条件。

（4）负责施工资源的供应组织。

（5）代表施工方与业主方、设计方、工程监理方等外部单位进行必要的联系和协调等。分包施工方承担合同所规定的分包施工任务，以及相应的项目管理任务。若采用施工总承包或施工总承包管理模式，分包方（不论是一般的分包方，还是由业主指定的分包方）必须接受施工，以及总承包方或施工总承包管理方的工作指令，服从其总体的项目管理。

工程项目监理

### 1.1.5　施工总承包管理方的主要特征

施工总承包管理方对所承包的建设工程承担施工任务组织的总责任，它的主要特征如下：

（1）一般情况下，施工总承包管理方不承担施工任务，它主要进行施工的总体管理和协调。如果施工总承包管理方通过投标（在平等条件下竞标）获得一部分施工任务，则它也可参与施工。

（2）一般情况下，施工，总承包管理方不与分包方和供货方直接签订施工合同，这些合同都由业主方直接签订。但若施工总承包管理方应业主方的要求，协助业主参与施工的招标和发包工作，其参与的工作深度由业主方决定。业主方也可能要求施工总承包管理方负责整个施工的招标和发包工作。

（3）不论是业主方选定的分包方，还是经业主方授权由施工总承包管理方选定的分包方，施工，总承包管理方都承担对其的组织和管理责任。

（4）施工总承包管理方和施工总承包方承担相同的管理任务和责任，即负责整个工程的施工安全控制、施工总进度控制、施工质量控制和施工的组织与协调等。因此，由业主方选定的分包方应经施工总承包管理方的认可，否则施工总承包管理方难以承担对工程管理的总责任。

（5）负责组织和指挥分包施工单位的施工，并为分包施工单位提供和创造必要的施工条件。

（6）与业主方、设计方、工程监理方等外部单位进行必要的联系和协调等。

### 1.1.6　建设项目工程总承包的特点

工程总承包和工程项目管理是国际通行的工程建设项目组织实施方式。积极推行工程总承包和工程项目管理，是深化我国工程建设项目组织实施方式改革，提高工程建设管理水平，保证工程质量和投资效益，规范建筑市场秩序的重要措施；是勘察、设计、施工、监理企业调整经营结构，增强综合实力，加快与国际工程承包和管理方式接轨，适应社会主义市场经济发展和加入世界贸易组织后新形势的必然要求；是积极开拓国际承包市场，带动我国技术、机电设备及工程材料的出口，促进劳务输出，提高我国企业国际竞争力的有效途径。

建设项目工程总承包的基本出发点是借鉴工业生产组织的经验，实现建设生产过程的组织集成化，以克服由于设计与施工的分离致使的投资增加，以及克服由于设计和施工的不协调而影响建设进度等弊病。

工程项目管理的基本内容和方法

## 任务 1.2　工程项目组织管理概述

工程项目组织管理是指为了完成某个特定的项目任务而由不同部门、不同专业的人员所组成的一个特别工作组织，它不受既存的职能组织构造的束缚，但也不能代替各种职能组织的职能活动。根据项目活动的集中程度，它的机构可以很小，也可以很庞大。工程项目组织管理职能是项目管理的基本职能。

### 1.2.1　系统的概念

系统的认定由人们对一个系统的观察角度而定：一个企业、一个学校、一个科研项目或一个建设项目都可以视作为一个系统，但上述不同系统的目标不同，从而形成的组织观念、组织方法和组织手段也就会不相同，上述各种系统的运行方式也不同。施工管理建设工程项目作为一个系统，它与一般的系统相比，有其明显的特征，具体如下：

（1）建设项目都是一次性的，且没有两个完全相同的项目。

（2）建设项目全寿命周期一般由决策阶段、实施阶段和运营阶段组成，各阶段的工作任务和工作目标不同，其参与或涉及的单位也不相同，它的全寿命周期持续时间长。

（3）一个建设项目的任务往往由多个，甚至许多个单位共同完成，它们的合作关系多数不是固定的，并且一些参与单位的利益不尽相同，甚至相对立。

因此，在考虑一个建设工程项目的组织问题或进行项目管理的组织设计时，应充分考虑上述特征。

### 1.2.2　工程项目的组织

#### 1.2.2.1　组织论

组织论主要研究系统的组织结构模式、组织分工和工作流程组织，其主要内容如图1.2所示，它是与项目管理学相关的一门非常重要的基础理论学科。

影响一个系统目标实现的主要因素除了组织以外，还有以下几方面因素：

（1）人的因素，它包括管理人员和生产人员的数量和质量。

（2）方法与工具，它包括管理的方法与工具，以及生产的方法与工具。系统的目标决定了系统的组织，而组织是目标能否实现的决定性因素。组织结构模式和组织分工都是一种相对静态的组织关系。工作流程组织是一种动态关系。

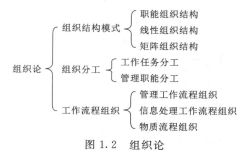

图 1.2　组织论

#### 1.2.2.2　组织工具

组织工具是组织论的应用手段，用图或表等形式表示各种组织关系，它包括：项目结构图、组织结构图（管理组织结构图）、工作任务分工表、管理职能分工表、工作流程图。

#### 1.2.2.3　组织结构的特点及其应用

1. 职能组织结构的特点及其应用

职能组织结构是一种传统的组织结构模式。在职能组织结构中，每一个职能部门可根据它的管理职能对其直接和非直接的下属工作部门下达工作指令。因此，每一个工作部门可能得到其直接和非直接的上级工作部门下达的工作指令，它就会有多个矛盾的指令源。

2. 线性组织结构的特点及其应用

在线性组织结构中，每一个工作部门只能对其直接的下属部门下达工作指令，每一个工作部门也只有一个直接的上级部门，因此，每一个工作部门只有唯一指令源。在国际上，线性组织结构模式是建设项目管理组织系统的一种常用模式。在一个特大的组织系统中，由于线性组织结构模式的指令路径过长，有可能会造成组织系统在一定程度上运行的困难。

3. 矩阵组织结构的特点及其应用

矩阵组织结构是一种较新型的组织结构模式。矩阵组织结构适用于大的组织系统。在矩阵组织结构中，每一项纵向和横向交汇的工作，指令来自于纵向和横向两个工作部门，因此其指令源为两个。当纵向和横向工作部门的指令发生矛盾时，由该组织系统的最高指挥者（部门）进行协调或决策。在矩阵组织结构中为避免纵向和横向工作部门指令矛盾对工作的影响，可以采用以纵向工作部门指令为主或以横向工作部门指令为主的矩阵组织结构模式。

### 1.2.3    工程项目组织的作用

（1）为项目管理提供组织保证。建立一个完善、高效、灵活的项目管理组织，可以有效地保证项目管理组织目标的实现，有效地应付项目环境的变化，有效地满足项目组织成员的各种需求，使其具有凝聚力、组织力和向心力，以保证项目组织系统正常运转，确保施工项目管理任务的完成。

（2）便于形成统一的权力系统，集中统一指挥。项目管理组织机构的建立，首先是以法定的形式产生权力。权力是工作的需要，是管理地位形成的前提，是组织活动的反映。没有组织机构，也就没有权力和权力的运用。组织机构建立的同时还伴随着授权，以便围绕项目管理的目标有效地使用权力。要在项目管理规章制度中把项目管理组织的权力阐述清楚，固定下来。

（3）有利于形成责任制和信息沟通体系。责任制是项目组织中的核心问题。项目组织的每个成员都必须承担一定的责任，没有责任也就不称其为项目管理机构，更谈不上进行项目管理了。一个项目组织能否有效地运转，关键在于是否有健全的岗位责任制。信息沟通是组织力形成的重要因素。信息产生的根源在组织活动之中，下级（下层）以报告的形式或其他形式向上级（上层）传递信息，同级不同部门之间为了相互协调而横向传递信息。只有建立了组织机构，这种信息沟通体系才能形成。

## 任务 1.3    工程项目组织管理结构

### 1.3.1    工程项目组织结构图

工程项目结构图是一个组织工具，它通过树状图的方式对一个项目的结构进行逐层分解，以反映组成该项目的所有工作任务。工程项目结构图中，矩形框表示工作任务，矩形框之间的连接用直线表示。同一个建设工程项目可有不同项目结构的分解方法。项目结构分解并没有统一的模式，但应结合项目的特点并参考以下原则进行：

（1）考虑项目进展的总体部署。

（2）考虑项目的组成。

（3）有利于项目实施任务（设计、施工和物资采购）的发包和有利于项目实施任务的进行，并结合合同结构的特点。

（4）有利于项目目标的控制。

（5）结合项目管理的组织结构等。

项目结构图和项目结构编码是编制其他编码的基础。组织结构图也是一个重要的组织工具，反映一个组织系统中各组成部门（组成元素）之间的组织关系（指令关系）。在组织结构图中，矩形框表示工作部门，上级工作部门对其直接下属工作部门的指令关系用单向箭线表示。

### 1.3.2    工作任务分工表

业主方和项目各参与方都应该编制各自的项目管理任务分工表。在项目管理任务分解的基础上，明确项目经理和上述管理任务主管工作部门或主管人员的工作任务，从而编制工作任务分工表。在工作任务分工表中应明确各项工作任务由哪个工作部门（或个人）负责，由哪个工作部门（或个人）配合或参与。在项目的进展过程中，应视必要性对工作任务分工表进行调整。

### 1.3.3   管理职能分工表

管理职能的含义包含以下几点：

（1）提出问题。通过进度计划值和实际值的比较，确认进度是否已经延迟。

（2）筹划。加快进度有多种可能的方案，如改一班工作制为两班工作制，增加夜班作业，增加施工设备和改变施工方法，并对这几个方案进行比较。

（3）决策。从上述几个可能的方案中选择一个将被执行的方案，如增加夜班作业。

（4）执行。落实夜班施工的条件，组织夜班施工。

（5）检查。检查增加夜班施工的决策有否被执行，如已执行，则检查执行的效果如何。

不同的管理职能可由不同的职能部门承担。业主方和项目各参与方都应该编制各自的项目管理职能分工表。管理职能分工表是用表的形式反映项目经理、各工作部门和各工作岗位对各项工作任务的项目管理职能分工。

### 1.3.4   工作流程图

工作流程图用图的形式反映一个组织系统中各项工作之间的逻辑关系。它可用以描述工作流程组织。工作流程图用矩形框表示工作，箭线表示工作之间的逻辑关系，菱形框表示判别条件。

### 1.3.5   合同结构图

合同结构图反映业主方和项目各参与方之间，以及项目各参与方之间的合同关系。如果两个单位之间有合同关系，在合同结构图中用双向箭杆联系（图1.3）。

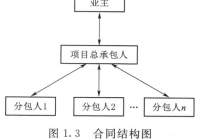

图 1.3   合同结构图

## 任务 1.4   工程项目组织管理基本形式

工程项目组织管理的常见基本形式主要有以下四种。

1. 工作队式项目组织

它是按照对象原则组织的项目管理机构，它可以独立地完成任务，企业职能部门处于服从地位，只提供一些服务（图1.4）。

2. 部门控制式项目组织

这是按职能原则建立的项目组织。它并不打乱企业现行的建制，而是把项目委托给企业某一专业部门或某一施工队，由被委托的部门（施工队）领导，在本单位选人，组合负责实施项目的组织，项目终止后恢复原职。

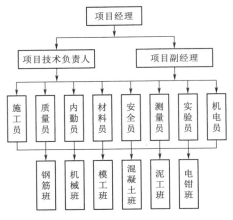

图 1.4    工作队式项目组织示意图

**3. 矩阵式项目组织**

矩阵式项目组织是现代大型项目管理中应用最广泛的新型组织形式，它把职能原则和对象原则结合起来，使之兼有了部门控制式和工作队式两种组织的优点，既能发挥职能部门的纵向优势，又能发挥项目组织的横向优势。该组织形式的构成方式是：项目组织机构与职能部门的结合部数量和职能部门数相同，多个项目与职能部门的结合呈矩阵状。

**4. 事业部式项目组织**

事业部是企业成立的职能部门，但对外享有独立的经营权，可以是一个独立单位。事业部可以按地区设置，也可以按工程类型或经营内容设置。事业部能迅速适应环境变化，提高企业的应变能力，调动部门积极性。当企业向大型化、智能化发展并实行作业层和经营管理层分离时，事业部式项目组织是一种很受欢迎的选择，既可以加强经营战略管理，又可以加强项目管理（图 1.5）。

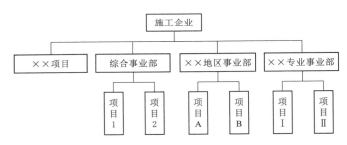

图 1.5    事业部式项目组织示意图

建设项目管理

# 任务 1.5    项目团队组建

项目团队是由员工和管理层组成的一个共同体，它合理利用每一个成员的知识和技能协同工作，解决问题，达成共同的目标。

## 1.5.1    项目团队构成要素

项目团队的构成要素为目标、人、定位、权限、计划（图 1.6）。

项目团队组建要点：项目团队管理是现代企业制度的重要组成部分，企业建立现代企业制度必须进行项目管理，只有搞好项目管理才能够完善现代企业制度，使之管理科学。项目管理是市场化的管理，市场是项目管理的环境和条件；企业是市场的主体，又是市场的基本经济细胞；企业的主体又是由众多的工程项目单元组成的，工程项目是企业生产要素的集结地，是企业管理水平的体现和来源，直接维系和制约着企业的发展。施工企业只有把管理的基点放在项目管理上，通过加强项目管理，实现项目合同目标，进行项目成本控制，提高工程项目投资效益，才能最终达到提高企业综合经济效益的目的，求得全方位的社会信誉，从而获得企业自身生存更为广阔的发展空间。项目团队是建筑施工企业项目管理活动的实施主体。

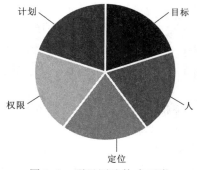

图 1.6　项目团队构成要素

### 1.5.2　项目团队的形成

项目团队是指一组个体成员为实现共同目标而协同工作所组成的人群组合体。项目组织本身就是一个项目团队（大团队），它同时又是由许多相互联系和协作的小团队构成的。这些团队的作用能否发挥出来，是项目成功的关键。一般项目团队特指以项目经理为首的项目管理者团队，因此，项目团队有时又被称为项目管理团队。这个团队在有的企业中称为项目经理部或直接称为项目部，有的称为工程现场指挥部。

### 1.5.3　项目团队的工作

项目团队工作就是要使项目组织的所有成员通过共同努力和协作配合，最大限度地实现项目目标。项目目标通过项目管理目标责任书确定。在项目团队形成时，项目经理根据工作任务的要求将一群人集中在一起，并在他们中间形成对彼此的认同。这个彼此认同的概念对项目团队的形成是至关重要的，它是形成组织凝聚力和增强合力的前提与条件。如何在最短的时间内，通过有效的手段和方法，建立一个有着明确的目标和方向，有着共同价值观和人生观，有着良好的团队气氛和协作精神，且充满活力的团队，是项目成功的最关键要素，也是项目团队与其他团队管理相比的最难之处。

### 1.5.4　项目团队建设的五个阶段

任何项目团队的建设都要经历形成、震荡、规范、出成效和终结五个阶段（FSNPM）。
（1）形成（forming）：团队组建，成员相互认识。
（2）震荡（storming）：团队成员发现彼此间的分歧。
（3）规范（norming）：团队成员就合作原则达成一致。
（4）出成效（performing）：团队成员配合默契，工作有成效。
（5）终结（mourning）：团队在任务完成之后被解散。

### 1.5.5　项目团队的作用

（1）增强项目组织凝聚力。

（2）满足项目团队成员的心理需要。

（3）做到合理分工与协作。

# 任务1.6    项目组织管理案例——鲁布革水电站

鲁布革水电站位于云南罗平县和贵州兴义县交界处，黄泥河下游的深山峡谷中。1977年，水电部就着手进行鲁布革水电站的建设，水电十四局开始修路，进行施工准备。但工程进展缓慢。1981年水电部决定利用世界银行贷款，同年6月，获国家批准建设成装机容量为60万kW的中型水电站，并被列为国家重点工程。该工程由首部枢纽、发电引水系统和厂房枢纽三大部分组成。世界银行的贷款总额为1.454亿美元，按其规定，引水系统工程的施工要按照国际咨询工程师联合会（FIDIC）组织推荐的程序进行国际公开招标。投标单位及报价见表1.2。

表1.2                          投 标 单 位 及 报 价

| 投 标 人 | 折算报价/元 | 投 标 人 | 折算报价/元 |
|---|---|---|---|
| 日本大成公司 | 84630590.97 | 南斯拉夫能源工程公司 | 132234146.30 |
| 日本前田公司 | 87964864.29 | 法国SBTP公司 | 179393719.20 |
| 意美合资英波吉洛联营公司 | 92820660.50 | 中国闽昆、挪威FHS联营公司 | 121327425.30 |
| 中国贵华、前联邦德国霍兹曼联营公司 | 119947489.60 | 德国霍克蒂夫公司 | 废标 |

1982年9月招标公告发布，设计概算1.8亿元，标底1.4958亿元，工期1579天。1982年9月至1983年6月，资格预审，15家合资格的中外承包商购买标书。1983年11月8日，投标大会在北京举行，总共有8家公司投标，其中一家废标。法国SBTP公司报价最高（1.79亿元），日本大成公司报价最低（8463万元）。两者竟然相差1倍多。评标结果公布，日本大成公司中标（投标价8463万元，是标底的56.58%，工期1545天）。

## 1.6.1    工程施工情况

### 1. 准备

大成公司提出投标意向之后，立即着手选配工程项目领导班子。他们首先指定了所长泽田担任项目经理，由泽田根据工程项目的工作划分和实际需要，向各职能部门提出所需要的各类人员的数量比例、时间、条件，各职能部门推荐备选人名单。磋商后，初选的人员集中培训两个月，考试合格者选聘为工程项目领导班子的成员，统归泽田安排。大成公司采用施工总承包制，在现场日本的管理和技术人员为30人左右，而作业层则主要从中国水电十四局雇用424名工人。

### 2. 组织保障

日本大成公司中标后，设立了鲁布革大成事务所，与本部海外部的组织关系是矩阵式的。项目组织与企业组织协调配合十分默契。大成事务所所有成员在鲁布革项目中统归项目经理泽田领导，同时，每个人还以原所在部门为后盾，服从部门领导的业务指导和调遣。

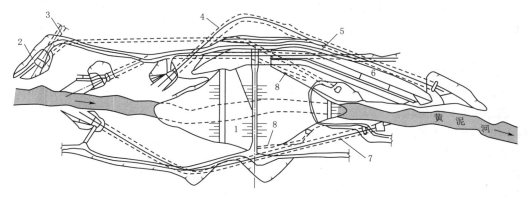

（a）首枢纽平面布置图

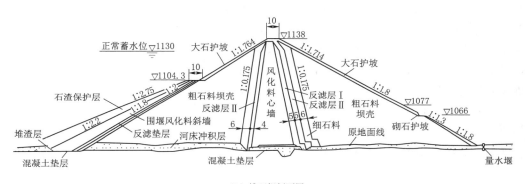

（b）堆石坝剖面图

图1.7 鲁布革水电站首部枢纽平面布置及堆石坝剖面图
1—堆石坝；2—进水口；3—压力引水隧洞；4—左岸泄洪洞；
5—导流洞；6—溢洪道；7—右岸泄洪洞；8—交通洞

比如设备长宫晃，他在鲁布革工程中，负责工程项目所有施工设备的选型配置、使用管理、保养维修，以确保施工需要和尽量节省设备费用，对泽田负完全责任；同时，他要随时保持与原本部职能部门的密切联系，以取得本部的指导和支持。当重大设备部件损坏，现场不能修复时，他要及时报告本部，由本部负责尽快组织采购设备并运往现场，或请设备制造厂家迅速派人员赶赴现场进行修理。

比如工程项目隧洞开挖高峰时，人手不够，本部立即增派相关专业人员抵达现场支持。当开挖高峰过后，到混凝土初砌阶段，本部立即将多余人员抽回，调往其他工程项目。

这样的矩阵式组织架构，既保证项目的急需，又提高了人力资源使用率。

3．科学管理

（1）根据项目效益制定奖励制度。将奖励与关键路径结合，若工程在关键路径部分，完成进度越快奖金越高；若在非关键路径部分的非关键工作，干得快反而奖金少。就是说，非关键工作进度快了对整个工程没有什么效益。

（2）施工设备管理。不备机械设备，多备损坏率高的机械配件。机械出现故障，将配件换上即可立即恢复运转。机械不离场，机械损坏，在现场进行修理，而不是将整台机械运到修理厂。操作机械的司机乘坐班车上下班。

4. 方案优化

大成公司对施工图设计和施工组织设计相结合进行方案优化。比如，开挖8800m长、8m直径的引水隧洞，采用圆形断面一次开挖方案，而我国历来采用马蹄形开挖方案。圆形断面与马蹄形断面开挖相比，每1m进度就要相差7m³的工程量，即日本大成公司圆形断面开挖方案要减少6万m³的开挖量，并相应减少6万m³回填混凝土用量。当时国内一般是采用马蹄形开挖，直径8m的洞，下面至少要挖平7m直径宽，以便于汽车进出，主要是为了解决汽车出渣问题。大成公司优化施工方案，改变了施工图设计出来的马蹄形断面开挖，采用圆形断面一次开挖成形的方法，计算下来，要比马蹄形方式少挖6万m³，同时就减少了6万m³的混凝土回填量。此外，国内圆形开挖的出渣的一般方法是保留底部1.4m先不挖，为垫道，然后利用反铲一段段铲出来。例如改变汽车在隧道内掉头的做法，先是每200m开挖1个4m×20m的扩大洞，汽车可调头；而大成公司采用在路上安装转向盘，汽车开上去50s就可实现掉头，仅此一招就免去了38个扩大洞，减少5万m³开挖量和混凝土回填量。

大成公司在鲁布革水电站隧道工程上使用过的施工工法很多。其中最具影响力的当推"圆形断面开挖工法"和"二次投料搅拌工法"。资料表明，大成在鲁布革水电站隧道工程上仅仅由于使用上述两种工法，就节约了2070万元。

5. 施工进度

该工程于1984年11月开工，1988年12月竣工。开挖23个月，单头月平均进尺222.5m，相当于我国同类工程的2～2.5倍。在开挖直径8.8m的圆形发电隧洞中，创造了单头进尺373.7m的国际先进纪录。

6. 合同管理

在合同管理方面，大成公司的合同管理制度相比传统那种单纯强调"风格"而没有合同关系的自家"兄弟"关系，发挥了管理刚性和控制项目目标的关键作用。

合同执行的结果是工程质量综合评价为优良，包括除汇率风险以外的设计变更、物价涨落、索赔及附加工程量等增加费用在内的工程结算为9100万元，仅为标底14958万元的60.8%，比合同价仅增加了7.53%。

大成公司从日本只带来管理人员，工人和工长都是国内施工企业提供，施工设备并不比国内的先进，就创造出了比当时国内施工企业高得多的效率。同样的工人和设备只是在不同的管理之下就出现如此不同的结果。

在工程的施工过程中，大成公司以组织精干、管理科学、技术适用、强有力的计划施工理念，创造出了工程质量好、用工用料省、工程造价低的显著效果，创造出了隧洞施工国际一流水准。

相比引水隧洞施工进展，水电十四局承担的首部枢纽工程进展缓慢，1983年开工，世界银行特别咨询团于1984年4月和1985年5月两次到工地考察，都认为按期完成截流计划难以实现。

施工单位虽然发动千人会战，进度有所加快，但成本大增、质量出现问题。

1985年，国务院批准鲁布革工程厂房工地开始率先进行项目法施工的尝试。参照日本大成公司鲁布革事务所的建制，建立了精干的指挥机构，使用配套的先进施工机械，优化施工组织设计，改革内部分配办法，产生了我国最早的"项目法施工"雏形。通过试点，提高了劳动生产力和工程质量，加快了施工进度，取得了显著效果。在建设过程中，原水利电力部还实行了国际通行的工程监理制和项目法人负责制等管理办法，取得了投资省、工期短、质量好的经济效果。到1986年年底，历时13个月，不仅把耽误的3个月时间抢了回来，还提前4个半月结束了开挖工程，安装车间混凝土工程提前半年完成。

### 1.6.2　总结

"鲁布革冲击波"对中国建筑业的影响和震撼是空前的，对我国传统的投资体制、施工管理模式乃至国企组织结构等都提出了挑战。而对于中国项目管理而言则是一个丰碑，开启了真正意义上的中国建设工程项目管理时代的元年。

鲁布革经验，实际上是大成公司的项目管理法，建立在深厚技术基础上的组织管理、施工工法、强力的计划执行等一整套项目管理方法；实质上是全球项目管理理念与标准在项目上的典型应用。

## 课　后　练　习

**一、基础训练**

1. 什么是项目管理？
2. 建设工程项目和项目管理的异同是什么？
3. 什么是工程项目组织？
4. 请阐述工程项目组织管理基本形式。
5. 请阐述工程项目团队组建的作用。

**二、考证进阶**

1. 下列组织工具中，能够反映组成项目所有工作任务的是（　　　）。

A. 项目结构图

B. 工作任务分工表

C. 合同结构图

D. 工作流程图

2. 建设工程管理的核心任务是（　　　）。

A. 为工程的建设和使用增值

B. 提高建设项目生命周期价值

C. 实现业主的建设目标和为工程的建设增值

D. 目标控制

3. 作为工程项目建设的参与方之一，供货方的项目管理工作主要是在（　　　）进行。

A. 设计阶段

B. 保修阶段

C. 施工阶段

D. 动用前准备阶段

4. 建设工程项目实施阶段策划的主要任务是（　　　）。

A. 定义项目开发或减少的任务

B. 编制项目投资总体规划

C. 确定建设项目的进度目标

D. 确定如何组织该项目的开发或建设

5. 关于影响系统目标实现因素的说法，正确的是（　　　）。

A. 组织是影响系统目标实现的决定性因素

B. 系统组织决定了系统目标

C. 增加人员数量一定会有助于系统目标的实现

D. 生产方法与工具的选择与系统目标实现无关

6. 用来表示组织系统中各子系统或各元素间指令关系的工具是（　　　）。

A. 项目结构图

B. 工作流程图

C. 组织结构图

D. 职能分工表

7. 下列组织论基本内容中，属于相对静态的组织关系的有（　　　）。

A. 组织分工

B. 物质流程组织

C. 信息处理工作流程组织

D. 管理工作流程组织

E. 组织结构模式

8. 针对项目的特点，进行项目结构分解应考虑的因素和原则有（　　　）。

A. 考虑项目的组成

B. 考虑施工总体部署

C. 有利于项目实施任务的发包并考虑合同结构

D. 有利于工程交工验收

E. 有利于项目目标控制

9. 如图1.8所示的项目组织结构模式的特点有（　　　）。

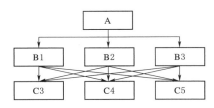

图1.8　项目组织结构模式

A. 每一个部门可根据其职能对其直接和非直接的下属部门下达指令

B. 每一个部门可能得到其直接和非直接的上级部门下达的工作指令

C. 每一个部门可能会有多个矛盾的指令源

D. 上下级指令传递构路径较长

E. 矛盾的指令会影响项目管理机制的运行

10. 施工单位编制项目管理任务分工表前，应完成的工作是（　　）。

A. 明确各项管理工作的流程

B. 详细分解项目实施各阶段的工作

C. 落实各工作部门的具体人员

D. 检查各项管理工作的执行情况

11. 编制施工管理任务分工表，涉及的事项有：①确定工作部门或个人的工作任务；②项目管理任务分解；③编制任务分工表。正确的编制程序是（　　）。

A. ①②③

B. ②①③

C. ③②①

D. ②③①

12. 下列关于项目管理工作任务分工表的说法，正确的是（　　）。

A. 工作任务分工表反映组织系统的动态关系

B. 一个工程项目只能编制一张工作任务分工表

C. 工作任务分工表中的具体任务不能改变

D. 工作任务分工表是项目的组织设计文件之一

13. 为了加快施工进度，施工协调部门根据项目经理的要求，落实有关夜间施工条件、组织夜间施工的工作，这属于管理职能中的（　　）环节。

A. 执行

B. 检查

C. 决策

D. 筹划

14. 施工方项目管理职能分工表是以表的形式反映项目管理班子内部（　　）对各项工作的管理职能分工。

A. 项目经理

B. 各工作部门

C. 各工作岗位

D. 总包与专业分包

E. 专业分包与劳务分包

15. 关于工作任务分工和管理职能分工的说法，正确的有（　　）。

A. 管理职能是由管理过程的多个工作环节组成

B. 在一个项目实施的全过程中应视具体情况对工作任务分工进行调整

C. 项目职能分工表即可用于项目管理，也可用于企业管理

D. 项目各参与方应编制统一的工作任务分工表和管理职能分工表

E. 编制任务分工表前应对项目实施各阶段的具体管理工作进行详细分解

16. 关于工作流程组织的说法，正确的是（　　）。

A. 同一项目不同参与方都有工程流程组织任务

B. 工程流程组织不包括物质流程组织

C. 一个工作流程图只能有一个项目参与方

D. 一项管理工作只能有一个工作流程图

### 三、思政拓展

某办公用品供货商 B 最近正在争取某煤炭公司 A 的办公迁移项目。李某是办公用品供货商 B 负责捕捉项目机会的销售经理，鲍某是办公用品供货商 B 负责实施的项目经理。由于以往项目销售经理的以过度承诺给后继的实施工作带来了很大困难，此次鲍某主动为该项目做售前支持。该办公迁移项目的工作包括煤炭公司 A 新办公楼的办公用品采购、办公系统升级、视频会议系统等。

煤炭公司 A 对该项目的招标工作在 2019 年 8 月 4 日开始。该项目要求在 2020 年 12 月 29 日完成，否则将严重影响煤炭公司 A 的业务。时间已到 2019 年 8 月 8 日，煤炭公司 A 希望系公用品供货商 B 能在 8 月 15 日前能够提交项目建议书。煤炭公司 A 对项目的进度非常关注，这是他们选择公用品供货商的重要指标之一。

根据经验，以及煤炭公司 A 的实际情况和现有的资源，鲍某组织制订了一个初步的项目计划，通过对该计划中项目进度的分析预测，鲍某认为按正常流程很难达到客户对进度的要求。拟订的合同中将规定对进度的延误要处以罚款。但是销售经理李某则急于赢得合同，希望能在项目建议书中对客户做出明确的进度保证，首先赢得合同再说。鲍某和李某在对项目进度承诺的问题上产生了分歧，李某认为鲍某不帮助销售拿合同，鲍某认为李某乱承诺对以后的项目实施不负责任。本着支持销售的原则，鲍某采取了多种措施，组织制定了一个切实可行的进度计划，虽然其报价比竞争对手略高，但评标委员会认为该方案有保证，是可行的，于是办公用品供货商 B 中标。办公用品供货商 B 中标后，由其实施部负责项目的实施。

1. 实施项目的办公用品供货商 B 目前的组织类型是什么？

2. 如何改进其项目的组织方式？

3. 如何改进其项目管理的流程？

4. 如何降低管理外地项目的成本？

# 项目 2 ▶ 工程项目进度管理

● 学习目标

　　1. 了解工程项目进度管理的概念。

　　2. 熟悉工程项目进度管理的概念。

　　3. 熟悉工程项目持续时间的估算。

　　4. 熟悉甘特图、网络图的概念和适用范畴。

　　5. 熟悉流水施工的概念。

● 能力目标

　　1. 掌握工程项目进度管理的基础理论。

　　2. 掌握持续时间估算并初步应用。

　　3. 熟练掌握甘特图、网络图在项目管理中的应用。

　　4. 掌握流水施工的概念。

● 思政目标

　　1. 树立规则、诚信意识。

　　2. 强化规范的工作态度。

广厦万间，
不做无头
苍蝇——
工程项目
进度管理

## 任务 2.1　工程项目进度管理前期工作

### 2.1.1　项目前期工作概念

王府井施工
进度模拟

　　项目的前期工作分为广义和狭义两种。广义的项目的前期工作从产生项目建设投资的想法开始，主要工作有资金的筹措与使用计划的制订、人员和项目管理组（或团队）组织形式和项目管理章程的制订、项目申请报告的编写、项目建设的合法手续以及功能性需要的申请办理、建设方案设计评比、招标采购计划等。狭义的项目的前期工作仅包括项目建设的合法手续办理，以及项目建成后运行所需要的水、电、燃气、通信等需要申请开通的手续办理。

　　在现实中，从事项目前期工作的人员，又称作前期拓展专员，其工作内容包含在各个政府部门之间以及相关单位办理审批手续，俗称"跑手续"。而在实际项目中，前期工作的内容定义远远不止这些，根据《项目管理知识体系（PMBOOK 体系）指南》（第七版）中对项目过程组的划分，项目的前期工作涵盖了"启动"和"规划"的所有内容。以下主要描述广义的项目的前期工作内容。

项目前期工作是一项复杂的有机的系统性工作，涉及发改委、建设局、规划局、国土局、环保局、水利局、林业局、安监局、消防支队等行政职能部门，以及科研、规划、环评、水保、林地调查、安评等相关资质咨询设计单位，同时还需要各行业专家的参与，包括项目选址、用地预审、环评、水土保持、占用林地、安评、立项、用地报批等行政许可事宜，以及开工前的各项准备工作，其中发改委主管的立项在建设项目前期工作中起到承前启后的作用，是最为关键的环节之一。

### 2.1.2　项目前期工作流程

**1. 资金筹措与使用计划**

项目建设投资离不开资金的支持。资金筹措计划和我们通常所说的项目融资计划很相似，属于融资计划的一个种，降低项目融资成本，是资金筹措计划需要考虑的。资金使用计划，以项目建设计划为基础，根据其他类似工程经验收据预估资金使用量而编制的计划。资金筹措与使用计划主要目的是以最小的融资成本，发挥资金的最大价值。

**2. 人员和项目管理团队的组织形式和项目管理章程**

人员和项目管理组或团队的组织形式的选择，需要根据项目以及项目发起人的特点选择，如项目型组织、职能型组织、矩阵式组织等。项目管理章程是项目管理的依据，是项目建设过程的行为准则等。

**3. 项目申请报告**

自国家发布了《国务院关于投资体制改革的决定》（国发〔2004〕20 号）文件，对项目投资建设批准进行了改革，取消了原先的项目建议书、可行性研究和开工报告的审批，根据《政府核准的投资项目目录》改为进行核准或者备案。同时增加了根据项目年度综合能源消费量办理固定资产节能评估内容。

**4. 项目建设合法性手续以及功能性需要申请**

其主要工作内容涉及规划、建设、环保、消防、城管、人防、房产等部门相关手续的办理，以及水、电、燃气、通信等为项目建设完成后能够投入使用的功能性需求手续的办理，与现实中理解的项目的前期工作内容相同。

**5. 设计方案评比**

随着施工技术的不断更新，新型材料的不断涌现，以及项目完成后的功能性需求，设计方案的优劣将对项目投资所产生的结果有着很大的影响。

**6. 招标采购计划**

招标采购计划内容主要是为满足保证项目的实施，根据项目的进度要求，通过招标形式确定施工实施单位或是采购设备等的时间。

## 任务 2.2　工程项目持续时间估算

### 2.2.1　工程项目持续时间估算方法

**1. 专家判断**

工程项目持续时间估算应征求具备进度计划的编制、管理和控制，有关估算专业知识、学科或应用技术知识的个人或小组的意见。

2. 类比估算

类比估算是一种使用相似活动或者项目的历史数据来估算当前活动或项目的持续时间或成本的技术。类比估算以过去类似项目的参数值为基础来估算未来项目的同类参数或指标。相对于其他估算技术，类比估算通常成本较低、耗时较少，但准确性也较低。类比估算可以针对整个项目或项目中的某个部分进行，或可以与其他估算方法联合使用。如果以往活动是本质上而不是表面上类似，并且从事估算的项目团队成员具备必要的专业知识，那么类比估算就最为可靠。

3. 参数估算

参数估算是一种基于历史数据和项目参数，使用某种算法来计算成本或持续时间的估算技术。它是指利用历史数据之间的统计关系和其他变量，来估算诸如成本、预算和持续时间等活动参数。

把需要实施的工作量乘以完成单位工作量所需要的工时，即可计算出持续时间。参数估算的准确性取决于参数模型的成熟度和基础数据的可靠性。且参数进度估算可以针对整个项目或项目中的某一部分，并可以与其他估算方法联合使用。

4. 三点估算

通过考虑估算中的不确定性和风险性，可以提高持续时间估算的准确性。使用三点估算有助于界定活动持续时间的近似区间：

（1）可能时间（$t_M$），基于最可能获得的资源、最可能取得的资源生产率、对资源可用时间的现实预计、资源对其他参与者的可能依赖关系及可能发生的各种干扰等，所估算的活动持续时间。

（2）最乐观时间（$t_O$），基于活动的最好情况所估算的活动持续时间。

（3）最悲观时间（$t_P$），基于活动的最差情况所估算的持续时间。

基于持续时间在三种估算值区间内的假定分布情况，可计算期望持续时间（$t_E$）。一个常用公式为三角分布：

$$t_E = \frac{t_O + 4t_M + t_P}{6} \tag{2.1}$$

历史数据不充分或使用判断数据时，使用三角分布，给予三点的假定分布估算出期望持续时间，并说明期望持续时间的不确定区间。三点估算在工期估算中的应用见下面例题。

例题：某公司的某土建项目即将开始，现需要进行工期估算。项目经理估计该项目15天即可完成，在施工条件最差的情况下预计也不会超过40天完成，在施工条件都满足的情况下预计最快8天即可完成。根据项目历时估计，请使用三点估算法计算期望持续的时间。

答：根据题意 $t_M = 15$ 天，$t_O = 8$ 天，$t_P = 40$ 天，代入式（2.1）得

$$t_E = \frac{8 + 4 \times 15 + 40}{6} = 18 \text{ 天}$$

故期望持续的时间为18天。

5. 自上而下估算

自上而下估算是一种估算项目持续时间或成本的方法，通过从下到上逐层汇总 WBS 组成部分的估算而得到项目估算。如果无法以合理的可信度对活动持续时间进行估算，则应将活动中的工作进一步细化，然后估算具体的持续时间，接着再汇总这些资源需求估算，得到每个活动的持续时间。活动之前可能存在或不存在会影响资源利用的依赖关系；如果存在，就应该对相对应的资源使用方式加以说明，并记录在活动资源需求中。

# 任务 2.3　工程项目进度计划编制

## 2.3.1　项目进度计划的概念

施工进度计划的编制

项目进度计划是指在规定的时间内，拟定出项目中各项工作的开展顺序、开始及完成时间及相互衔接关系的计划。在执行该计划的过程中，经常要检查实际进度是否按计划要求进行，若出现偏差，便要及时找出原因，采取必要的补救措施或调整、修改原计划，直至项目完成。分为总体进度计划、分项进度计划、年度进度计划等。目的是为了控制项目时间和节约时间。

工程项目进度计划亦称"进度计划"。包括每一具体活动的计划开始日期和期望完成日期。可用摘要"主进度计划"形式或详细形式表示，又可用表格形式，但更常以图示法表示。主要包括甘特图（横道图）、网络图，以及基于条形图和网络图衍生的重大事件图等几种形式。

## 2.3.2　项目进度计划编制的方法

### 2.3.2.1　甘特图

甘特图也称横道图。这种方法是由美国机械工程师和管理学家亨利·甘特[1]于 1917 年提出，并以他的名字来命名的管理图，被认为是管理工作上的一次革命。甘特的研究成果表明了工作计划中各"事件"之间在时间上的相互关系，强调了时间和成本在计划和控制中的重要性。甘特图按内容不同，分为计划图表、负荷图表、机器闲置图表、人员闲置图表和进度表五种形式。

甘特图以图示的形式通过活动列表和时间刻度表示出特定项目的顺序与持续时间。该图用横轴表示时间，纵轴表示项目，线条表示期间计划和实际完成情况。直观表明计划何时进行，进展与要求的对比。便于管理者弄清项目的剩余任务和评估工作进度。甘特图是最早尝试以作业排序为目的，将活动与时间联系起来的工具之一，帮助企业描述工作中心、超时工作等资源。甘特图包含以下三个含义：①以图形或表格的形式显示活动；②通用的显示进度的方法；③含日历天和持续时间，不将周末节假日算在进度内。

---

　　[1] 亨利·甘特（Henry Laurence Gant，1861—1919 年）。他是美国机械工程师和管理学家，以发明出甘特图而闻名于世。甘特图用于包括胡佛水坝和州际高速公路系统等大型项目中，并且一直到现在依然是专案管理的重要工具。

1. 甘特图的作用

甘特图的特点是突出了生产管理中最重要的因素——时间，它的作用表现在以下三个方面：

（1）体现计划产量与计划时间的对应关系。

（2）体现每日的实际产量与预定计划产量的对比关系。

（3）体现一定时间内实际累计产量与同时期计划累计产量的对比关系。

2. 甘特图的优点和不足

（1）优点：①作为一门通用技术，具有图形可视化的优点，易于理解。②中小型项目一般不超过 30 项活动。③有专业软件支持，无需担心复杂计算和分析。

（2）不足：①甘特图事实上仅部分反映了项目管理的三重约束（时间、成本和范围），因为它主要关注进程管理（时间）。②尽管能够通过项目管理软件描绘出项目活动的内在关系，但是如果关系过多，纷繁芜杂的线图必将增加甘特图的阅读难度。③建设项目所包含的工作方面的逻辑关系不易表达清楚，特别是在大型项目中，由于工作任务很多，就显得有所不足。④难以进行严谨的时间参数计算，不能确定计划的关键工作、关键线路与时差。

3. 甘特图绘制

如图 2.1 所示为某工程计划及实际进度甘特图，其绘制步骤如下：

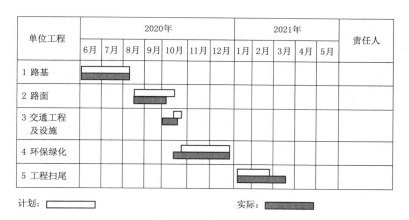

图 2.1　某工程甘特图样图

（1）明确项目牵涉到的各项活动项目。内容包括项目名称（包括顺序）、开始时间、工期，任务类型（依赖/决定性）和依赖于哪一项任务。

（2）创建甘特图草图。将所有的项目按照开始时间和工期标注到甘特图上。

（3）确定项目活动依赖关系及时序进度。使用草图，按照项目的类型将项目联系起来，并安排项目进度。

此步骤将保证在未来计划有所调整的情况下，各项活动仍然能够按照正确的时序进行。也就是确保所有依赖性活动能并且只能在决定性活动完成之后按计划展开，同时避免关键性路径过长。关键性路径是由贯穿项目始终的关键性任务所决定的，它既表示了项目的最长耗时，也表示了完成项目的最短可能时间。请注意，关键性路径会由于单项活动进度的提前或延期而发生变化。而且要注意不要滥用项目资源，同时，对于进度表上的不可预知事件要安排适当的富裕时间。但是，富裕时间不适用于关键性任务，因为作为关键性路径的一部分，它们的时序进度对整个项目至关重要。

（4）计算单项活动任务的工时量。

（5）确定活动任务的执行人员及适时按需调整工时。

（6）计算整个项目时间。

制作甘特图的软件主要有 Microsoft Office Project、Gantt Project、VARCHART XGantt、jQuery Gantt、Excel。

4. 甘特图应用范畴

甘特图在现代的项目管理领域中被广泛应用。这可能是最容易理解、最容易使用并最全面的一种方法。它可让你预测时间、成本、数量及质量上的结果并回到开始。它也能帮助管理人员考量人力、资源、日期、项目中重复的要素和关键的部分。以甘特图的方式，可以直观地看到任务的进展情况，资源的利用率等。

### 2.3.2.2  网络图

网络图是一种图解模型，形状如同网络，故称为网络图。网络图是由箭线、节点和线路三个因素组成的。是用箭线和节点将某项工作的流程表示出来的图形。网络图是用箭线和节点将某项工作的流程表示出来的图形。

1. 网络图分类

根据我国《工程网络计划技术规程》（JGJ/T 121—99）推荐常用的工程网络计划类型包括：双代号网络计划、单代号网络计划、双代号时标网络计划、单代号时标网络计划。

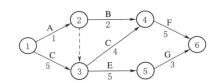

图 2.2   双代号网络图
①～⑥—节点；1～6—工作时间；
A、B、C、E、F、G—工作

根据表达的逻辑关系和时间参数肯定与否，又可分为肯定型和非肯定型两大类；根据计划目标的多少，可以分为单代号网络图和多代号网络图，多代号网络图中包含双代号网络图，如图 2.2 所示。其组成元素为箭线、节点和路线。箭线和节点在不同的网络图形中有不同的含义，在单代号网络图中，节点表示工作，箭线表示关系，而在双代号网络图中，箭线表示工作及走向，节点表示工作的开始和结束。路线是指从起点到节点的一条通路，工期最长的一条路线称为关键路线，关键路线上工作的时间必须保证，否则会出现工期的延误。

2. 网络图种类

（1）单代号网络图（节点型）。用一个圆圈代表一项活动，并将活动名称写在圆圈中。箭线符号仅用来表示相关活动之间的顺序，不具有其他意义，因其活动只用一个符号就可代表，故称为单代号网络图。

（2）双代号网络图（箭线型）。用一个箭线表示一项活动，活动名称写在箭线上。箭尾表示活动的开始，箭头表示活动的结束，箭头和箭尾标上圆圈并编上号码，用前后两个圆圈中的编号来代表这些活动的名称。

3. 网络图逻辑

根据网络图中有关作业之间的相互关系，可以将作业划分为紧前工作、紧后工作、平行工作和交叉工作。网络图逻辑关系如图 2.3 所示。

（1）紧前工作是指紧接在该作业之前的作业。紧前作业不结束，则该作业不能开始。

（2）紧后工作是指紧接在该作业之后的作业。该作业不结束，紧后作业不能开始。

（3）平行工作是指能与该作业同时开始的作业。

（4）交叉工作是指能与该作业相互交替进行的作业。对需要较长时间才能完成的一些工作，在工艺流程与生产组织条件允许的情况下，可以不必等待该工作全部结束后再转入其紧后工序，而是分期分批地转入，这种方式称为交叉作业。交叉作业可以缩短工程的完工时间。如工作 A 与工作 B 分别为挖沟和埋水管，可以挖一段埋一段，不必等沟全部挖好后再埋。这种关系可以用交叉作业来表示，如果把这两项工作各分为三段，则 A＝$a_1$＋$a_2$＋$a_3$，B＝$b_1$＋$b_2$＋$b_3$。如图 2.4 所示。

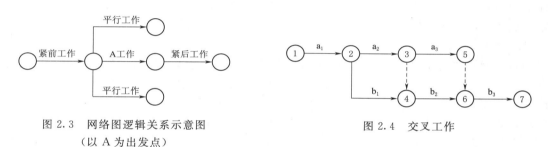

图 2.3　网络图逻辑关系示意图
（以 A 为出发点）

图 2.4　交叉工作

网络图箭线关系又分为两类，分别是内向箭线和外向箭线。内向箭线指向某个节点的箭线；外向箭线指从某节点引出的箭线。

4. 网络图的组成

（1）作业。是指一项工作或一道工序，需要消耗人力、物力和时间的具体活动过程。在网络图中作业用箭线表示，箭尾 $i$ 表示作业开始，箭头 $j$ 表示作业结束。作业的名称标注在箭线的上面，该作业的持续时间（或工时）$T_{ij}$ 标注在箭线的下面。有些作业或工序不消耗资源也不占用时间，称为虚作业，用虚箭线（┄┄►）表示。在网络图中设立虚作业主要是表明一项事件与另一项事件之间的相互依存相互依赖的关系，是属于逻辑性的联系。

（2）事件。是指某项作业的开始或结束，它不消耗任何资源和时间，在网络图中用"○"表示，"○"是两条或两条以上箭线的交结点，又称为结点。网络图中第一个事件（即○）称网络的起始事件，表示一项计划或工程的开始；网络图中最后一个事件称网络的终点事件，表示一项计划或工程的完成；介于始点与终点之间的事件称为中间事件，它既表示前一项作业的完成，又表示后一项作业的开始。为了便于识别、检查和计算，在网络图中往往对事件进行编号，编号应标在"○"内，由小到大，可连续或间断数字编号。编号原则是：每一项事件都有固定编号，号码不能重复，箭尾的号码小于箭头号码（即 $i<j$，编号从左到右，从上到下进行）。

（3）路线。是指自网络始点开始，顺着箭线的方向，经过一系列连续不断的作业和事件直至网络终点的通道。一条路线上各项作业的时间之和是该路线的总长度（路长）。在一个网络图中有很多条路线，其中总长度最长的路线称为"关键路线"，关键路线上的各事件为关键事件，关键事件的周期等于整个工程的总工期。有时一个网络图中的关键路线不止一条，即若干条路线长度相等。除关键路线外，其他的路线统称为非关键路线。关键路线并不是一成不变的，在一定的条件下，关键路线与非关键路线可以相互转化。例如，当采取一定的技术组织措施，缩短了关键路线上的作业时间，就有可能使关键路线发生转移，即原来的关键路线变成非关键路线，与此同时，原来的非关键路线却变成关键路线。

（4）虚工作。在网络图中存在一种只表示前后相邻工作之间的逻辑关系，既不占用时间，也不耗用资源的虚拟工作称为虚工作。虚工作又指当一项活动完成后，同时有几项活动可以进行，且这几项活动都完成后，后续活动才能开始。若多个工序有共同的紧后 M，而其中的某个工序 A 又有自己独立的紧后工序 N，则应从工序 A 的末节点引至工序 M 的始节点一个虚工序。如图 2.5 所示是网络图（虚工作）示意图。

5．网络图规则

（1）网络图的元素。任何一项任务或工程都是由一些基本活动或工作组成的，它们之间有一定的先后顺序和逻辑。用带箭头的线段 "→" 来表示工作，用节点 "○" 来表示 2 项工作的分界点。按工作的先后顺序和逻辑关系画成的工作关系图就是一张网络图。每一个节点称为 "事项"，它表示一项工作的结束和另一项工作的开始，除了一个总开始事项和总结束事项。在节点中可标上数字，以便于注明哪项工作的结束和哪一项工作的开始。

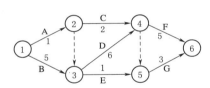

图 2.5　网络图（虚工作）示意图
A～G—作业代号；1～6—工作所需时间

（2）作业所需的时间。网络图中必须注明时间。网络图中有不同的时间参数，其确定的方法如下：

1）凭经验能明确知道时，可用其经验值。

2）在没有经验的作业或包含不确定因素的作业中，应把它看成统计值。用三点时间估计法。

如可能遇到意外的问题，从而相应的活动周期比预想的要长；也有可能事情进展得比预期要顺利，相应的活动提前完成了。

经验表明，一项作业的周期往往可以用 $\beta$ 分布来描述。这种分布看上去是一个倾斜的正态分布，具备一种很有用的特性，其均值和方差可以通过估算 3 种时间而求得：$T_o$—乐观判断所需时间；$T_m$—大概估计的时间；$T_\rho$—悲观估计所需时间。

作业期望的时间和方差可根据六分之一原则来计算：

$$期望时间 E=(T_o+4T_m+T_\rho)/6$$
$$方差 \sigma=(T_\rho-T_o)/6$$

假设某作业所需的时间是概率变量，概率密度如图 2.6 所示，概率密度 $\rho(T_o)=\rho(T_\rho)=$

$0$，$\rho(T_m)$ 为最大值。则均值 $E$ 与方差 $\sigma$ 由下式计算：

$$E = (T_o + 4T_m + T_p)/6$$
$$\sigma = (T_p - T_o)/6$$

所需时间的分布就被取为作业所需的
时间。

为简便起见，在以后的阐述中只处理
平均所需日数，而不考虑方差。

6. 网络图中要径的确定

在网络图中，从入口到出口的最长路
径，就称作要径。全部工程所需时间不可
能比它更短。也就是说，要径上的各作业
所需时间的总和为该工作的最短工期。要

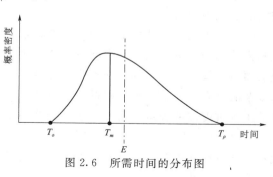

图 2.6　所需时间的分布图

径以外的作业由于日程有富裕，即使前后稍微移动时间，整个工期也不会改变。因此，可
以进行调整以满足劳力和设备的制约条件。

7. 网络图特点

（1）网络图中不能出现循环路线，否则将使组成回路的工序永远不能结束，工程永远
不能完工。

（2）进入一个结点的箭线可以有多条，但相邻两个结点之间只能有一条箭线。当需表
示多活动之间的关系时，需增加节点和虚拟作业来表示。

（3）在网络图中，除网络结点、终点外，其他各结点的前后都有箭线连接，即图中不
能有缺口，使自网络起点起经由任何箭线都可以达到网络终点。否则，将使某些作业失去
与其紧后（或紧前）作业应有的联系。

（4）箭线的首尾必须有事件，不允许从一条箭线的中间引出另一条箭线。

（5）为表示工程的开始和结束，在网络图中只能有一个始点和一个终点。当工程开始
时有几个工序平行作业，或在几个工序结束后完工，用一个网络始点、一个网络终点表
示。若这些工序不能用一个始点或一个终点表示时，可用虚工序把它们与始点或终点连接
起来。

（6）网络图绘制力求简单明了，箭线最好画成水平线或具有一段水平线的折线；箭线
尽量避免交叉；尽可能将关键路线布置在中心位置。

8. 网络图绘制流程

（1）详细划分施工工序。根据各施工单位的具体条件，参考有关定额确定分部分项工
程的施工时间。施工工程生产既有其本身的客观规律，也有施工工艺及其技术方面的规
律，遵循施工过程的连续性、协调性、均衡性和经济性的原则组织施工，能保证各项施工
活动的紧密衔接和相互促进，确保工程质量加快施工速度，与此同时也应考虑到施工预算
对分部、分项工程的划分，原则上应与施工工序相吻合，以便与今后的生产班组的任务安
排和施工任务单的签发取得一致。

（2）确定施工方案详细安排各建筑物和结构物的搭接施工时间。根据总工程量和施工
开工、竣工时间简单计算各项工序所需要的时间，并用横道图表示出来，计算出平均日产

量，在保证施工进度顺利完成的前提下进行施工方案的选择。施工方案的选择是施工组织设计中最重要的环节之一，是决定整个工程全局的关键，因此在选择施工方案时，应综合考虑整个工程施工的进程、人力和机械的需要及布置、工程质量及施工安全、工程成本、现场的状况等因素。

（3）熟悉网络图的规则，利用软件绘制网络图。以上前期工作已做完，下面应利用综合知识绘制施工进度图，网络图不仅能反映施工进度，而且能清楚地反映出各个工序、各施工项目之间相互制约的生产和协作关系，能进行各种时间参数的计算，在名目繁多、错综复杂的计划中找出决定工程进度的关键工作，并选出最优方案。因此，这是一种比较先进的工程进度图的表示形式，下面介绍网络图中单代号网络的画法。

1）网络图要素。节点表示工作的开始、结束或连接关系，也称为事件。箭线其方向表示工作进行的方向。线路两节点之间的通路称为线路。关键线路用双箭线表示。工作代号一般写在箭线的上方或左方，工作时间一般写在箭线的下方或右方。

2）网络计划图的绘制规则。在网络图的开始和结束增加虚拟的起点节点和终点节点，这是为了保证单代号网络计划有一个起点和一个终点，这也是单代号网络图所特有的。网络图中不允许出现循环回路。网络图中不允许出现有重复编号的工作，一个编号只能代表一项工作。在网络图中除起点、节点和终点节点外，不允许出现其他没有内向箭线的工作节点和没有外向箭线的工作节点。为了计算方便，网络图的编号应后继节点编号大于前序节点编号。

| ES（最早开始时间） | LS（最迟开始时间） | TF（总时差） |
|---|---|---|
| EF（最早完成时间） | LF（最迟完成时间） | FF（自由时差） |

图 2.7　网络计划中工作的 6 个时间参数

3）网络图时间的计算。网络计划中工作的 6 个时间参数如图 2.7 所示。其计算及应用见网络示意图 2.8。

计算各工序的 $ES$、$EF$（自起点向终点计算）如下：

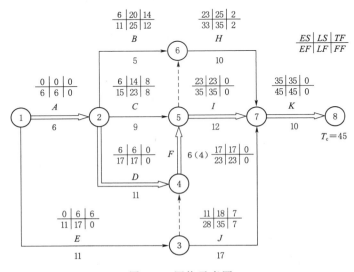

图 2.8　网络示意图

$ES$（最早开始时间）＝各紧前工序 $EF$ 的最大值（默认：首道工序的 $ES＝0$）。

$EF$（最早完成时间）＝当前工序的 $ES＋T$（当前工序的工作时间）。

计算各工序的 $LS$、$LF$（自终点向起点计算）如下：

$LS$（最迟开始时间）＝当前工序的 $LF－T$（当前工序的工作时间）。

$LF$（最迟完成时间）＝各紧后工序 $LS$ 的最小值（默认：尾道工序的 $LF＝$ 尾道工序的 $EF$）。

确定总工期 （$Td$）$Td＝LF_n$（尾道工序的 $LF$），计算各工序的 $TF$（总时差）如下：

$TF＝$ 当前工序的 $LS－$ 当前工序的 $ES＝$ 当前工序的 $LF－$ 当前工序的 $EF$。

确定关键路线 （关键工序）：

所有 $TF＝0$ 的工序均为关键工序，用双箭线表示。

计算各工序的 $FF$ （自由时差）：

$FF＝$ 各紧后工序 $ES$ 的最小值－当前工序的 $EF$（默认：尾道工序的 $FF＝0$）。

### 2.3.3　项目进度图编制注意事项

1. 关键工序

关键工序是网络计划中总时差最小的工序。若按计算工期计算网络参数，则关键工序的总时差为 0；若按计划工期计算网络参数，则：

$T_p＝T_c$ 时，关键工序的总时差为 0；

$T_p＞T_c$ 时，关键工序的总时差最小，但大于 0；

$T_p＜T_c$ 时，关键工序的总时差最小，但小于 0。

其中 $T_p$ 为计划工期，$T_c$ 为计算工期。

2. 关键线路

关键线路是指由关键工序连接而成的线路，也即网络图中总路线最长的线路。编制过程如下：

（1）确定关键工序，根据关键工序确定关键线路。

（2）根据关键节点确定关键路线。凡节点的最早时间与最迟时间相等，或者最迟时间与最早时间的差值等于计划工期与计算工期的差值，该节点就称为关键节点。关键路线上的节点一定是关键节点，但关键节点组成的路线不一定是关键路线。因此，仅凭关键节点还不能确定关键路线。当一个关键节点与多个关键节点相连时，对其连接箭线需根据最大路径的原则一一加以判别。

（3）根据自由时差确定关键路线。关键工序的自由时差一定最小，但自由时差最小的工序不一定是关键工序。若从起始节点开始，沿着箭头的方向到终止节点为止，所有工序的自由时差都最小，则该线路是关键路线，否则就是非关键路线。

3. 编制例题

例 1. 某工程施工进度计划图如图 2.9 所示。

请按图 2.9 在表 2.1 中写出各项工作的紧前工作。

例 2. 某车间的设备安装项目各工序所需时间和工序逻辑关系见表 2.2，请根据表格内容绘制网络图。

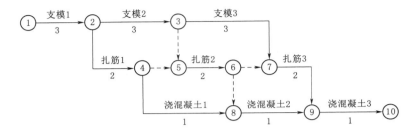

图 2.9  工程案例图

表 2.1                                各项工作的紧前工作

| 工作名称 | 支模1 | 支模2 | 支模3 | 扎筋1 | 扎筋2 | 扎筋3 | 浇混凝土1 | 浇混凝土2 | 浇混凝土3 |
|---|---|---|---|---|---|---|---|---|---|
| 紧前工作 |  |  |  |  |  |  |  |  |  |

答：

| 工作名称 | 支模1 | 支模2 | 支模3 | 扎筋1 | 扎筋2 | 扎筋3 | 浇混凝土1 | 浇混凝土2 | 浇混凝土3 |
|---|---|---|---|---|---|---|---|---|---|
| 紧前工作 |  | 支模1 | 支模2 | 支模1 | 支模2，轧筋1 | 支模3，轧筋2 | 轧筋1 | 轧筋2，浇混凝土1 | 轧筋3，浇混凝土2 |

表 2.2                            各工序所需时间和工序逻辑关系

| 工 序 | 工序代号 | 所需时间/天 | 紧后工序 |
|---|---|---|---|
| 测量设计 | a | 60 | b，c，d |
| 仓库建设 | b | 35 | e |
| 分拣车间建设 | c | 30 | f，g |
| 配送车间建设 | d | 40 | g |
| 存贮设备安装 | e | 15 | i |
| 分拣设备安装 | f | 20 | h |
| 配送设备安装 | g | 15 | i |
| 分拣设备调试 | h | 25 | i |
| 总调试 | i | 35 | |

答：根据表格内信息绘制如下网络图（图 2.10）。

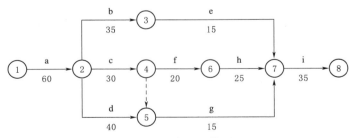

图 2.10  例 2 网络图

## 任务 2.4　工程项目进度实施与控制

施工进度
计划调整

项目进度实施与控制，是指采用科学的方法确定进度目标，编制进度计划和资源供应计划，进行进度控制，在与质量、费用目标协调的基础上，实现工期目标。项目进度管理的主要目标是要在规定的时间内，制定出合理、经济的进度计划，然后在该计划的执行过程中，检查实际进度是否与计划进度相一致，保证项目按时完成。

根据工程项目的进度目标，编制经济合理的进度计划，并据以检查工程项目进度计划的执行情况，若发现实际执行情况与计划进度不一致，就及时分析原因，并采取必要的措施对原工程进度计划进行调整或修正的过程。工程项目进度管理的目的就是为了实现最优工期，多快好省地完成任务。

项目进度实施与控制是项目管理的一个重要方面，它与项目投资管理、项目质量管理等同为项目管理的重要组成部分。它是保证项目如期完成或合理安排资源供应，节约工程成本的重要措施之一。

项目进度实施与控制的含义是在项目实施过程中，对各阶段的进展程度和项目最终完成的期限所进行的管理。是在规定的时间内，拟定出合理且经济的进度计划（包括多级管理的子计划），在执行该计划的过程中，要经常检查实际进度是否按计划要求进行，若出现偏差，便要及时找出原因，采取必要的补救措施或调整、修改原计划，直至项目完成。其目的是保证项目能在满足其时间约束条件的前提下实现其总体目标。

项目进度实施与控制包括两大部分的内容，项目进度计划的制定和项目进度计划的执行。时间表是项目进度管理工具。

### 2.4.1　网络计划的优化

网络计划优化是指在一定约束条件下，按既定目标对网络计划进行不断改进，以寻求满意方案的过程。绘制网络图、计算时间参数和确定关键路线得到的只是一个初始的计划方案。为了得到一个较（最）好的方案通常还需要从工期、费用、资源利用等方面对初始计划方案进行调整和改善，这一过程就是网络计划的优化。

工期优化也称时间优化，其目的是当网络计划计算工期不能满足要求工期时，通过不断压缩关键线路上关键工作的持续时间等措施，达到缩短工期、满足要求的目的。工序总时差越大，表明该工序在网络中的机动时间越长，在不影响紧后工序开工的条件下，可以适当将人力、物力等资源抽调到关键工序去，以缩短整个工程的完工时间。缩短工期的途径如下：

（1）采取技术措施，提高工效，缩短关键工作的持续时间，使关键路线的时间缩短。

（2）采取组织措施，充分利用非关键工作的总时差，合理调配人力、物力和资金等资源。

（3）在可能的条件下，适当增加人力、物力、财力等资源，以加快关键工序的工程进度。

使用网络图时间优化的具体步骤如下：

（1）通过时间的计算，找出网络图中的关键工序和关键路线。

（2）确定各关键工序的赶工时间和可压缩时间。

（3）优先将关键工序中可压缩时间最长的工序进行压缩，并重新找出网络图中的关键路线。

（4）若关键路线的总工期达到了要求的工期，时间优化完成；若关键路线的总工期仍超过要求的工期，则重复上述步骤，直至满足要求工期或者工序的工期不能再压缩为止。

例3．A施工单位中标了某物流配送的建设工程项目，业主提出了一系列要求。首先要求该施工单位在半年（180天）内按照其要求建成该物流配送中心，签订的合同中还包括下列条款：①如果该施工单位不能在180天内完成物流配送中心的建设任务，就要赔偿200万元；②如果该施工单位能够在150天内完成物流配送中心的建设任务，就会得到100万元的奖金。请对该物流配送中心建设项目进行时间进度的优化。相关参数如图2.11和图2.12所示。

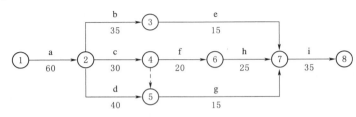

图2.11　例题图1

| 工序名称 | 正常时间/天 | 赶工时间/天 | 可压缩时间/天 |
| --- | --- | --- | --- |
| a | 60 | 50 | 10 |
| b | 35 | 30 | 5 |
| c | 30 | 28 | 2 |
| d | 40 | 36 | 4 |
| e | 15 | 14 | 1 |
| f | 20 | 19 | 1 |
| g | 15 | 15 | 0 |
| h | 25 | 23 | 2 |
| i | 35 | 30 | 5 |

图2.12　例题图2

按上述（1）～（4）步骤进行优化，结果如下：

工序a的时间压缩至50天，如图2.13所示。

工序i的时间压缩至30天，如图2.14所示。

工序h的时间压缩至23天，如图2.15所示。

工序c的时间压缩至28天，如图2.16所示。

工序 f 的时间压缩至 19 天，如图 2.17 所示。

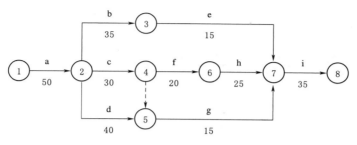

图 2.13　例题图 3

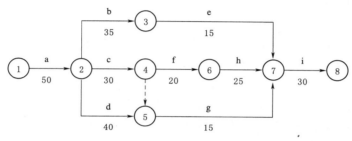

图 2.14　例题图 4

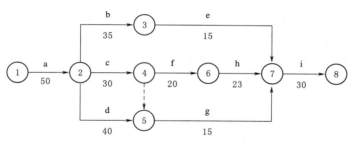

图 2.15　例题图 5

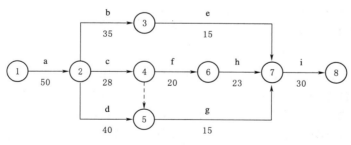

图 2.16　例题图 6

## 2.4.2　项目计划制定

在制定项目进度计划时，必须以项目范围管理为基础，针对项目范围的内容要求，有

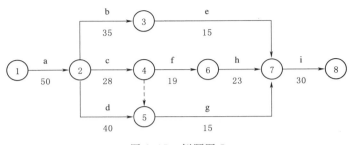

图 2.17　例题图 7

针对性地安排项目活动。

### 1. 项目结构分析

编制进度计划前要进行详细的项目结构分析，系统地剖析整个项目结构构成，包括实施过程和细节，系统规范地分解项目。项目结构分解的工具是工作分解结构（work breakdown stucture，WBS）原理，它是一个分级的树型结构，是将项目按照其内在结构和实施过程的顺序进行逐层分解而形成的结构示意图。通过对项目 WBS 的分解，使项目成为相对独立、内容单一、易于成本核算与检查的项目单元，明确单元之间的逻辑关系与工作关系，将每个单元具体地落实到责任者，并能进行各部门、各专业的协调。

进度计划编制的主要依据是项目目标范围、工期的要求、项目特点、项目的内外部条件、项目结构分解单元、项目对各项工作的时间估计、项目的资源供应状况等。进度计划编制要与费用、质量、安全等目标相协调，充分考虑客观条件和风险预计，确保项目目标的实现。进度计划编制的主要工具是网络图和横道图，通过绘制网络图，确定关键路线和关键工作。根据总进度计划，制定出项目资源总计划和费用总计划，把这些总计划分解到每年、每季度、每月、每旬等各阶段，从而进行项目实施过程的依据与控制。

### 2. 成立进度控制管理小组

成立以项目经理为组长，以项目副经理为常务副组长，以各职能部门负责人为副组长，以各单元工作负责人、各班组长等为组员的控制管理小组。小组成员分工明确，责任清晰；定期或不定期地召开会议，严格执行讨论、分析、制定对策、执行、反馈的工作制度。

施工进度
控制因素
和措施

### 3. 制定控制流程

控制流程运用了系统原理、动态控制原理、封闭循环原理、信息原理、弹性原理等。编制计划的对象由大到小，计划的内容从粗到细，形成了项目计划系统；控制是随着项目的进行而不断进行的，是个动态过程；由计划编制到计划实施、计划调整再到计划编制这么一个不断循环过程，直到目标的实现；计划实施与控制过程需要不断地进行信息的传递与反馈，也是信息的传递与反馈过程；同时，计划编制时也考虑到各种风险的存在，使进度留有余地，具有一定的弹性，进度控制时，可利用这些弹性，缩短工作持续时间，或改变工作之间的搭接关系，确保项目工期目标的实现。

施工进度
计划实施、
检查

### 2.4.3　项目计划控制

在项目进度管理中，制定出一个科学、合理的项目进度计划，只是为项目进度的科学管理提供了可靠的前提和依据，但并不等于项目进度的管理就不再存在问题。在项目实施过程中，由于外部环境和条件的变化，往往会造成实际进度与计划进度发生偏差，如不能及时发现这些偏差并加以纠正，项目进度管理目标的实现就一定会受到影响。所以，必须实行项目进度计划控制。

项目进度计划控制的方法是以项目进度计划为依据，在实施过程中对实施情况不断进行跟踪检查，收集有关实际进度的信息，比较和分析实际进度与计划进度的偏差，找出偏差产生的原因和解决办法，确定调整措施，对原进度计划进行修改后再予以实施。随后继续检查、分析、修正；再检查、分析、修正直至项目最终完成。

在项目执行和控制过程中，要对项目进度进行跟踪。对项目进度其实有两种不同的表示方法：一种是纯粹的时间表示，通过对照计划中的时间进度来检查是否在规定的时间内完成了计划的任务；另一种是以工作量来表示的，在计划中对整个项目的工作内容预先做出估算，在跟踪实际进度时看实际的工作量完成情况，而不是单纯看时间，即使某些项目活动有拖延，但如果实际完成的工作量不少于计划的工作量，那么也认为是正常的。在项目进度管理中，这两种方法往往是配合使用的，同时跟踪时间进度和工作量进度这两项指标，所以才有了"时间过半、任务过半"的说法。在掌握了实际进度及其与计划进度的偏差情况后，就可以对项目将来的实际完成时间做出预测。

### 2.4.4　项目管理工具

对于大型项目管理，如果没有软件支撑，手工完成项目任务制定、跟踪项目进度、资源管理、成本预算的难度是相当大的。随着微型计算机的出现和运算速度的提高，20 世纪 80 年代后项目管理技术也呈现出繁荣发展的趋势，项目进度管理软件开始出现。

在项目管理软件中，必须要具备制定项目时间表的能力，包括能够基于 WBS 的信息建立项目活动清单，建立项目活动之间的多种依赖关系，能够从企业资源库中选择资源分配到项目活动中，能够为每个项目活动制定工期，并为各个项目活动建立时间方面的限制条件，能指定项目里程碑，当调整项目中某项活动的时间（起止时间或工期）时，后续项目中的各个资源都会随着时间的更新而随之更新。同时，还需要一定的辅助检查功能，包括查看项目中各资源的任务分配情况，各个资源的工作量分配情况，识别项目的关键路径，查看非关键路径上的项目活动的可移动的时间范围等，这些都是制定项目时间表所需要的基本功能。制定完项目计划后，通常情况下会将项目计划的内容保存为项目基线，作为对项目进行跟踪比较的基准。

## 任务 2.5　流 水 施 工 方 法

### 2.5.1　流水施工概念

流水施工是将拟建工程按其工程特点和结构部位划分为若干个施工段，根据规定的施工顺序，组织各施工队（组），依次连续地在各施工段上完成自己的工序，使施工有节奏进行的施工方法。组织流水施工主要包括：①施工过程数划分的多少，必须适应工程的复杂程度与施工方法、劳动组织和施工进度的要求。②施工段数施工段的数目应适中，过多将会使总工期延长和工作面不能充分利用；过少将引起劳动力、机械和材料供应的过分集中，甚至阻碍流水施工的开展。一般最小施工段数等于或大于施工过程数。③流水节拍（Ti）是指某一施工过程的施工队（组）在一个施工段的延续时间，它的大小直接影响投入的劳动力、材料和机械量的多少，并决定着施工速度和施工节奏。

### 2.5.2 流水施工术语

（1）细部流水，指分项工程流水施工、施工过程流水施工，是对某一分项工程组织的流水施工，即在一个专业工程内部组织起来的流水施工。其是组织流水施工中范围最小的流水施工，如安装胶合板门窗组织的流水施工。

（2）分部工程流水，也称为专业流水。其编制对象是分部工程，即在分部工程内部，各个分项工程组织的流水。

（3）单位工程流水，也称为项目流水，是在一个单位工程内部，各个分部工程之间组织起来的流水施工，是各分部工程流水的组合，如装修单位工程流水。

（4）建筑群流水，也称为群体工程流水、大流水、综合流水，是指在多个单位工程之间组织的流水施工，是在一个群体工程内各单位工程流水的组合。这种流水施工方式具有控制性的作用，能组织多幢房屋或构筑物的大流水施工，可在宏观上对整个建筑群的施工进行控制。

### 2.5.3 组织流水施工的条件

组织流水施工的条件主要包括：①划分施工段（概念上的划分）；②划分施工过程，在各项施工过程中组织独立的施工班组；③安排主要施工过程的施工班组连续、均衡施工；④不同施工过程尽可能组织平行搭接施工。

### 2.5.4 组织程序

组织一个工程的流水施工，一般应按以下程序进行。

（1）把工程对象划分为若干个施工阶段。每一拟建工程都可以根据其工程特点及施工工艺要求划分为若干个施工阶段（或分部工程），如建筑物可划分为基础工程、主体工程、围护结构工程和装饰工程等施工阶段。然后分别组织各施工阶段的流水施工。

（2）确定各施工阶段的主导施工过程并组织专业工作班组。组织一个施工阶段的流水施工时，往往可按施工顺序划分成许多个分项工程。例如基础工程施工阶段可划分成挖土、钢筋混凝土基础、砖基础和回填土等分项工程。其中有些分项工程仍是由多个工种组成的，如钢筋混凝土分项工程由模板、钢筋和混凝土三个工种工程组成，这些分项工程有一定的综合性，由此组织的流水施工具有一定的控制作用。

（3）划分施工段。施工段可根据流水施工下的原理和工程对象的特点来划分。在无层间施工时，施工段数与主导施工过程（或作业班组）数之间一般无约束关系。

（4）确定施工过程的流水节拍。流水节拍的大小对工期影响较大。根据现有条件和施工要求确定合适的人数求得流水节拍，该流水节拍在最大和最小流水节拍之间。

（5）确定施工过程间的流水步距。流水步距可根据流水形式来确定。流水步距的大小对工期影响也较大，在可能的情况下组织搭接施工也是缩短流水步距的一种方法。

### 2.5.5 组织逻辑

按照流水施工原理，各项流水作业的先后主次关系，有其内在的规律性。长期的工程施工经验表明，正确合理的施工程序，应该按照先场外后场内；先地下后地上，先深后浅；先主体后附属；先土建后设备；先屋面后内装的基本要求展开施工。

1. 先场外后场内

工业建设项目或大型基础设施项目，应先进行厂区外部的配套基础设施工程施工。如材料物资运输所需要的铁路专用线、装卸码头、与国道连接的公路，以及变电站、围堤、蓄水库等这些配套设施工程的建成，可以为场区内部工程施工创造交通运输、动力能源供应等方面的有利条件。然后根据场外的条件，布置应列的临时设施。

2. 先地下后地上，先深后浅

地基处理、基础工程、地下管线和地下构筑物等工程，应按设计要求先行施工到位后再进行地上建筑物和构筑物的施工，要避免和防止地下施工对上部主体工程地基的影响。当然，由于施工技术的发展，对于主体建筑物也有可能采用逆筑法施工，以克服施工场地拥挤，充分利用空间、利用先行完成的上部结构承载能力安装起重设备吊运土方，达到缩短工期甚至降低施工成本的良好效果，但这都必须建立在技术方案安全可靠、经济效果可行的基础上所进行的施工技术创新。

3. 先主体后附属

这里的主体工程是指主要建筑物，应该先行组织施工；附属工程可以认为是主体工程以外的其他工程，其广义的内容有主要建筑物的附属用房、裙房、配套的零星建筑，以及建筑物之外的室外总体工程，如道路、围墙、绿化、建筑小品等，它们之间在施工程序上的先后关系，对充分利用施工场地、保证工程质量、缩短施工工期、降低工程施工成本都有重要的意义。

4. 先土建后设备

土建工程和设备安装工程在施工过程往往有许多交叉衔接，但在总体的施工程序安排上，应以土建工程先行开路，设备安装相继跟进，使二者配合紧密，相互协调，互创工作而恰到好处。

设备安装工程，既指建筑设备，如给水排水、煤气卫生工程、暖气通风与空调工程、电气照明及通信线路工程、电梯安装工程等，也包括工业建筑的生产设备安装工程。建筑设备安装应紧跟土建施工进度，相继穿插完成综合留洞和管线预埋，对于大型机器设备应在安装部位的土建工程刚护封闭之前吊运至待装地点。土建施工要随时顾及设备安装的要求，注意设备基础的位置、标高、尺寸和预埋件的正确性，为设备就位安装创造条件；避免和防止土建装修中湿粉、铺粘和喷涂作业的施工垃圾粉尘对设备的污染。

**5. 先屋面后内装**

建筑工程应在做好屋面防水层和楼面找平层之后，才能进行下层的室内精装修装饰工程，以免因雨天屋面渗漏而污染室内的墙面和楼地面。

### 2.5.6　流水施工特点

（1）生产工人和设备从一个施工段转移到另一个施工段代替了建筑产品的流动。生产的流动施工既在建筑物的水平方向流动（平面流动），又沿建筑物的垂直方向流动（层间流动）。

（2）同一施工段上各施工过程保持了顺序施工的特点，不同施工过程在不同施工段上最大限度地保持了平行施工的特点。

（3）同一施工过程保持了连续施工的特点，不同施工过程在同一施工段上尽可能连续施工。

（4）单位时间内生产资源的供应和消耗基本一致。

### 2.5.7　流水施工的经济性

（1）按工种建立劳动组织，实现了生产的专业化，提高了劳动效率，保证了工程的质量。

（2）流水施工克服了依次施工和平行施工的缺点，既缩短了工期，又充分利用了工作面。

（3）施工处于连续均衡的状态，方便管理。

### 2.5.8　流水施工类型

在流水施工中，根据流水节拍的特征将流水施工分类为无节奏流水施工、等节奏流水施工和异节奏流水施工三类。

**1. 无节奏流水施工**

无节奏流水施工是指在组织流水施工时，全部或部分施工过程在各个施工段上的流水节拍不相等的流水施工。这种施工是流水施工中最常见的一种。

**2. 等节奏流水施工**

等节奏流水施工是指在有节奏流水施工中，各施工过程的流水节拍都相等的流水施工，也称为固定节拍流水施工或全等节拍流水施工。

**3. 异节奏流水施工**

异节奏流水施工是指在有节奏流水施工中，各施工段上同一施工过程的流水节拍各自相等，而不同施工过程之间的流水节拍不尽相等的流水施工。在组织异节奏流水施工时，又可以采用等步距和异步距两种方式。

### 2.5.9　流水施工参数

**1. 工艺参数**

工艺参数指组织流水施工时，用以表达流水施工在施工工艺方面进展状态的参数，通常包括施工过程和流水强度两个参数。施工过程是根据施工组织及计划安排需要而将计划任务划分成的子项称为施工过程，施工过程可以是单位工程，可以是分部工程，也可以是分项工程，甚至是将分项工程按照专业工种不同分解而成的施工工序，施工过程的数目一般用 $n$ 表示。流水强度是指流水施工的某施工过程（专业工作队）在单位时间内所完成的工程量，也称为流水能力或生产能力。

**2. 空间参数**

空间参数指组织流水施工时，表达流水施工在空间布置上划分的个数。可以是施工区（段），也可以是多层的施工层数，数目一般用 $M$ 表示。

由于施工段内的施工任务由专业工作队一次性完成，因而在两个施工段之间容易形成一个施工缝。同时，由于施工段数量的多少，将直接影响流水施工的效果。为使流水施工段划分得合理，一般应遵循下列原则：

（1）同一专业工作队在各个施工段上的劳动量应大致相等，相差幅度不宜超过 10%～15%。

（2）每个施工段内要有足够的工作面，以保证相应数量的工人、主导施工机械的生产效率，满足合理劳动组织的要求。

（3）施工段的界限应尽可能与结构界限（如沉降缝、伸缩缝等）相吻合，或设在对建筑结构整体性影响小的部位，以保证建筑结构的整体性。

（4）施工段的数目要满足合理组织流水施工的要求。施工段数目过多，会降低施工速度，延长工期；施工段过少，不利于充分利用工作面，可能造成窝工。

（5）对于多层建筑物、构筑物或需要分层施工的工程，应既分施工段，又分施工层，各专业工作队依次完成第一施工层中各施工段任务后，再转入第二施工层的施工段上作业，依此类推。以确保相应专业队在施工段与施工层之间，组织连续、均衡、有节奏的流水施工。

**3. 时间参数**

时间参数指在组织流水施工时，用以表达流水施工在时间安排上所处状态的参数，主要包括流水节拍、流水步距和流水施工工期等。

（1）流水节拍。流水节拍是指在组织流水施工时，每个专业队在一个施工段上的施工时间，以符号 $t$ 表示。

（2）流水步距。流水步距是指两个相邻的专业队进入流水作业的时间间隔，以符号 $K$ 表示。

（3）流水施工工期。这是指从第一个专业队投入流水作业开始，到最后一个专业队完成最后一个施工做成的最后一段工作、退出流水作业位置的整个持续时间。由于一项工程往往由许多流水组组成，所以这里所说的是流水组的工期，而不是整个工程的总工期。工期可用符号 $TP$ 表示。

（4）持续时间；指一项工作从开始到完成的时间。

# 任务2.6  工程项目管理进度案例
## ——丁渭修城

宋真宗时，汴梁皇宫起火。一夜之间，大片的宫室楼台殿阁亭榭变成了废墟。为了修复这些宫殿，宋真宗派当时的晋国公丁渭主持修缮工程。当时，要完成这项重大的建筑工程，面临着三个大问题：一是需要把大量的废墟垃圾清理掉；二是要运来大批木材和石料；三是要运来大量新土。

无论是运走垃圾还是运来建筑材料和新土，都涉及大量的运输问题。如果安排不当，施工现场会杂乱无章，正常的交通和生活秩序都会受到严重影响。

丁渭研究了工程之后，制定了如下的施工方案：

（1）从施工现场向外挖了若干条大深沟，把挖出来的土作为施工需要的新土备用，并利用开沟取出的土烧砖，解决了新土问题。

（2）从城外把汴水引入所挖的大沟中，于是就可以利用木排及船只运送木材石料，解决了木材石料的运输问题。

（3）等到材料运输任务完成之后，再把沟中的水排掉，把工地上的垃圾填入沟内，使沟重新变为平地，复原大街（图2.18）。

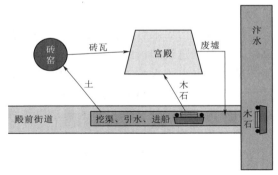

图2.18  施工工序

简单归纳起来，就是这样一个过程：挖沟（取土）→引水入沟（水道运输）→填沟（处理垃圾）。

按照这个施工方案，不仅节约了许多时间和经费，而且使工地秩序井然，使城内的交通和生活秩序不受施工太大的影响，因而确实是很科学的施工方案。实可谓"丁渭施工，一举三得"，成为中国古代项目管理实践中较为典型的案例。

## 课  后  练  习

**一、基础训练**

1. 工程项目持续时间估算方法有哪些？

2. 甘特图的组成要素有哪些？

3. 网络图的组成要素有哪些？

4. 什么是流水施工？

## 二、考证进阶

1. 建设工程项目进度控制工作包括：①编制进度计划；②调整进度计划；③进度目标的分析和论证；④跟踪检查计划的执行情况。其正确的工作程序是（　　）。

A. ①-②-③-④

B. ③-①-②-④

C. ③-①-④-②

D. ④-②-③-①

2. 在项目实施过程中，设计方编制的设计工作进度应尽可能与招标、施工和（　　）等工作进度相协调。

A. 项目选址

B. 可行性研究

C. 竣工验收

D. 物资采购

3. 将一个子项目进度计划分解为若干个工作项，属于项目总进度目标论证工作的（　　）。

A. 项目的结构分析

B. 项目的工作编码

C. 各层精度计划的关系协调

D. 进度计划系统的结构分析

4. 下列建设工程项目进度控制的措施中，属于技术措施的是（　　）。

A. 优选工程项目施工方案

B. 确定各类进度计划的审批程序

C. 选择合理的合同结构

D. 选择工程承包发包模式

5. 为实现进度目标而采取的经济激励措施所需要的费用，应在（　　）中考。

A. 工程预算

B. 投标报价

C. 投资估算

D. 工程概算

6. 关于进度调整的说法，正确的是（　　）。

A. 根据计划检查的结果在必要时进行计划的调整

B. 网络计划中某项工作进度超前，不需要进行计划的调整

C. 非关键线路上的工作不需要进行调整

D. 当某项工作实际进度拖延的时间超过其总时差时，只需要考虑总工期的限制

7. 某工程网络计划中，工作 M 的自由时差为 2 天，总时差为 5 天。实施进度检查时

发现该工作的持续时间延长了 4 天，则工作 M 的实际进度（　　）。

A. 不影响总工期，但将其紧后工作的最早开始时间推迟 2 天

B. 既不影响总工程，也不影响其后续工作的正常进行

C. 将使总工期延长 4 天，但不影响其后续工作的正常进行

D. 将其后续工作的开始时间推迟 4 天，并使总工期延长 1 天

8. 如图 2.19 所示的双代号时标网络计划，执行到第 4 周末及第 10 周末时，检查其实际进度如图中前锋线所示，检查结果表明（　　）

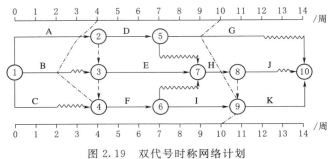

图 2.19　双代号时称网络计划

A. 第 4 周末检查时工作 A 拖后 1 周，影响工期 1 周

B. 第 4 周末检查时工作 B 拖后 1 周，但不影响工作

C. 第 10 周检查时工作 I 提前 1 周，可使工期提前 1 周

D. 在第 5 周到第十周内。工作 F 和工作 I 的实际进度正常

E. 第 10 周末检查时工作 G 拖后 1 周，但不影响工期

9. 下列进度控制措施中，属于经济措施的有（　　）。

A. 编制进度控制工作流程

B. 选用恰当的承发包形式

C. 按时支付工程款项

D. 设立提前完工奖

E. 拖延完工予以处罚

10. 关于如下横道图进度计划的说法正确的是（　　）。

A. 如果不要求工程连续，工期可压缩 1 周

B. 圈梁浇筑和基础回填间的流水步距是 2 周

C. 所有工作都没有机动时间

D. 圈梁浇筑工作的流水节拍是 2 周

11. 关于虚工作的说法，正确的是（　　）。

A. 虚工作只在双代号网络计划中存在

B. 虚工作一般不消耗资源但占用时间

C. 虚工作可以正确表达工作间逻辑关系

D. 双代号时标网络计划中虚工作用波形表示

12. 在双代号网络图中，虚箭线的作用有（　　）。

A. 指向

B. 联系

C. 区分

D. 过桥

E. 断路

13. 双代号网络计划如图 2.20 所示，其关键路线有（　　）条。

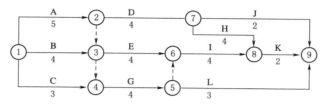

图 2.20　双代号网络计划

A. 4

B. 3

C. 2

D. 1

14. 某分部工程单代号网络计划如图 2.21 所示，节点中下方数字为该工作的持续时间（单位：天），其关键路线有（　　）条。

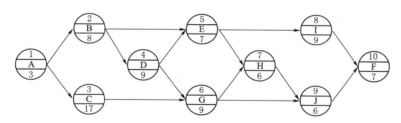

图 2.21　单代号网络计划

A. 1

B. 2

C. 3

D. 4

15. 某工程单目标双代号网络计划如图 2.22 所示，图中的错误是（　　）。

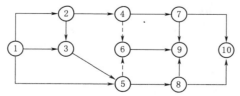

图 2.22　单目标双代号网络计划

A. 有多个起点节点

B. 有多个终点节点

C. 有双向箭头连线

D. 有循环回路

16. 某分部工程双代号网络计划如图 2.23 所示，其存在的绘图错误有（　　）。

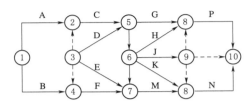

图 2.23　双代号网络计划

A. 多个终点节点

B. 多个起点节点

C. 节点编号有误

D. 存在循环回路

E. 有多余虚工作

17. 某工程工作逻辑关系见表 2.3，C 工作的紧后工作有（　　）。

表 2.3　　　　　　　　　　工 作 逻 辑 关 系

| 工作 | A | B | C | D | E | F | G | H |
|---|---|---|---|---|---|---|---|---|
| 紧前工作 | | | A | A，B | C | B，C | D，E | C，F，G |

A. 工作 H

B. 工作 G

C. 工作 F

D. 工作 E

E. 工作 D

18. 关于双代号工程网络计划的说法，正确的有（　　）。

A. 总时差最小的工作为关键工作

B. 关键线路上允许有虚箭线和波形线的存在

C. 网络计划中以终点节点为完成节点的工作，其自由时差与总时差相等

D. 除了以网络计划终点为完成节点的工作，其他工作的最迟完成时间应等于其所有紧后工作最迟开始时间的最小值

E. 某项工作的自由时差为零时，其总时差必为零

19. 某单代号网络计划中，工作 A 有两项紧后工作 B 和 C，工作 B 和工作 C 的最早开始时间分别为第 13 天和第 15 天，最迟开始时间分别为第 19 天和第 21 天；工作 A 与工作 B 和工作 C 的间隔时间分别为 0 天和 2 天。如果工作 A 实际进度拖延 7 天，则（　　）。

A. 对工期没有影响

B. 总工期延长 2 天

C. 总工期延长 3 天

D. 总工期延长 1 天

20. 某工程网络计划中，工作 N 的自由时差为 5 天，计划执行过程中检查发现，工作 N 的工作时间延后了 3 天，其他工作均正常，此时（　　）。

A. 工作 N 的总时差不变，自由时差减少 3 天

B. 总工期不会延长

C. 工作 N 的总时差减少 3 天

D. 工作 N 的最早完成时间推迟 3 天

E. 工作 N 将会影响紧后工作

### 三、思政拓展

某施工单位（乙方）与某建设单位（甲方）签订了建造无线电发射试验基地施工合同。合同工期为 38 天。乙方按时提交了施工方案和施工网络进度计划，如图 2.24 所示，并得到甲方代表的批准。

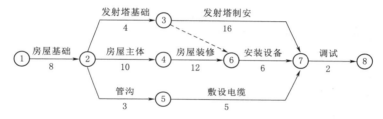

图 2.24　施工网络进度计划

1. 该工程实际施工天数为多少天？

2. 可得到工期补偿为多少天？

3. 关键路线是哪条？

# 项目 3 ▶ 工程项目质量管理

● **学习目标**
　　1. 了解质量管理系统的相关知识。
　　2. 熟悉建筑工程项目质量控制的基本原理与方法。
　　3. 掌握建筑施工质量改进和事故处理的主要内容。
　　4. 掌握建设工程项目质量改进和质量事故的处理。

● **能力目标**
　　1. 能根据项目要求在工程师指导下编制质量计划。
　　2. 能依据规范和现场条件处理质量事故。

● **思政目标**
　　1. 树立工程项目管理质量第一的意识。
　　2. 培养运用规范、尊重规范的职业道德。

广厦万间，杜绝"豆腐房"——工程项目质量管理

## 任务 3.1　工程项目质量管理概念

### 3.1.1　质量及质量管理的概念

　　在现代社会，质量问题已经成为越来越重大的战略问题。建筑工程项目是一项量大面广的社会系统工程，其质量的优劣直接影响到国家经济建设的发展。建设工程项目的质量控制贯穿于项目实施的全过程，只有确保工程质量达到了有关验收标准，才能杜绝"豆腐渣"工程的出现，从而保证国家和人民的财产安全，为企业赢得声誉。同样工程质量管理的水平不仅影响到企业的经济利益与竞争能力，也能反映企业精神文明建设的状况。项目管理是有关知识、技能、工具和技术的应用，用以管理以项目为导向的活动，用以满足和超过客户的期望要求。在建筑工程的质量管理上尤为重要。

　　1. 质量的概念

　　狭义的质量指的是产品质量，美国著名的质量管理专家朱兰博士认为产品质量就是产品的适用性，即产品在使用时能成功地满足用户需要的程度。美国质量管理专家克劳斯比从生产者的角度出发，曾把质量概括为"产品符合规定要求的程度"；也有学者认为"质量就是满足需要"。

　　从以上描述中，可以理解到：

　　(1) 质量是可以存在于不同领域或任何事物中。对质量管理体系来说，质量的载体不

仅针对产品，即过程的结果（如硬件、流程性材料、软件和服务）；也针对过程和体系或者它们的组合。也就是说，所谓"质量"，既可以是零部件、计算机软件或服务等产品的质量，也可以是某项活动的工作质量或某个过程的工作质量，还可以指企业的信誉、体系的有效性。

（2）特性是指事物所特有的性质，固有特性是事物本来就有的，它是通过产品、过程或体系设计和开发及其之后实现过程形成的属性。例如：物质特性（如机械、电气、化学或生物特性）、感官特性（如用嗅觉、触觉、味觉、视觉等感觉控测的特性）、行为特性（如礼貌、诚实、正直）、时间特性（如准时性、可靠性、可用性）、人体工效特性（如语言或生理特性、人身安全特性）、功能特性（如飞机最高速度）等。这些固有特性的要求大多是可测量的。赋予的特性（如某一产品的价格），并非是产品、体系或过程的固有特性。

（3）满足要求就是应满足明示的（如明确规定的）、通常隐含的（如组织的惯例、一般习惯）或必须履行的（如法律法规、行业规则）的需要和期望。只有全面满足这些要求，才能评定为好的质量或优秀的质量。

（4）顾客和其他相关方对产品、体系或过程的质量要求是动态的、发展的和相对的。它将随着时间、地点、环境的变化而变化。所以，应定期对质量进行评审，按照变化的需要和期望，相应地改进产品、体系或过程的质量，确保持续地满足顾客和其他相关方的要求。

（5）"质量"一词可用形容词来修饰，如差、好或优秀等。广义的质量概念除了指产品质量外，还包括过程质量和工作质量。

国际标准化组织（International Organization for Standardization，ISO）颁布的 ISO 9000：2015《质量管理体系基础和术语》中对质量的定义是：一个关注质量的组织倡导一种文化，其结果导致行为、态度、活动和过程，他们通过满足顾客和其他有关的相关方的需求和期望创造价值。组织的产品和服务取决于满足顾客的能力以及对有关的相关方预期或非预期的影响。因此，可以说质量就是产品、过程或服务满足规定要求的优劣程度。

在质量管理过程中，"质量"的含义是广义的，质量管理不仅要管好产品本身的质量，还要管好质量赖以产生和形成的工作质量，并以工作质量为重点。

2. 施工质量

施工质量是指建设工程施工活动及其产品的质量，即通过施工使工程的固有特性满足建设单位（业主或顾客）需要并符合国家法律、行政法规和技术标准、规范的要求，包括在安全、使用功能、耐久性、环境保护等方面满足所有明示和隐含的需要和期望的能力的特性总和。其质量特性主要体现在由施工形成的建设工程的适用性、安全性、耐久性、可靠性、经济性及与环境的协调性等六个方面。

3. 质量管理的概念

质量管理是对确定和达到质量所必需的全部职能和活动的管理。其中包括质量方针的制定及所有产品、过程或服务方面的质量保证和质量控制的组织、实施。

GB/T 50326—2017《建设工程项目管理规范》对"质量管理"的阐述是：为确保项目的质量特性满足要求而进行的计划、组织、指挥、协调和控制等活动。

4. 质量管理的发展过程

质量管理发展经过以下三个阶段：

(1) 质量检验阶段。20 世纪前，产品质量主要依靠操作者本人的技艺水平和经验来保证，属于"操作者的质量管理"。20 世纪初，以 F. W. 泰勒为代表的科学管理理论的产生，促使产品的质量检验从加工制造中分离出来，质量管理的职能由操作者转移给工长，是"工长的质量管理"。随着企业生产规模的扩大和产品复杂程度的提高，产品有了技术标准（技术条件），公差制度也日趋完善，各种检验工具和检验技术也随之发展，大多数企业开始设置检验部门，有的直属于厂长领导，这时是"检验员的质量管理"。上述几种做法都属于事后检验的质量管理方式。

(2) 统计质量控制阶段。1924 年，美国数理统计学家 W. A. 休哈特提出控制和预防缺陷的概念。他运用数理统计的原理提出在生产过程中控制产品质量的"6σ"法，绘制出第一张控制图并建立了一套统计卡片。与此同时，美国贝尔研究所提出关于抽样检验的概念及其实施方案，成为运用数理统计理论解决质量问题的先驱，但当时并未被普遍接受。以数理统计理论为基础的统计质量控制的推广应用始自第二次世界大战。由于事后检验无法控制武器弹药的质量，美国国防部决定把数理统计法用于质量管理，由标准协会制定有关数理统计方法应用于质量管理方面的规划，并成立了专门委员会，于 1941—1942 年先后公布一批美国战时的质量管理标准。

(3) 全面质量管理阶段。20 世纪 50 年代以来，随着生产力的迅速发展和科学技术的日新月异，人们对产品的质量从注重产品的一般性能发展为注重产品的耐用性、可靠性、安全性、维修性和经济性等。在生产技术和企业管理中要求运用系统的观点来研究质量问题。在管理理论上也有新的发展，突出重视人的因素，强调依靠企业全体人员的努力来保证质量以外，还有"保护消费者利益"运动的兴起，企业之间市场竞争越来越激烈。在这种情况下，美国 A. V. 费根鲍姆于 20 世纪 60 年代初提出全面质量管理的概念。他提出，全面质量管理是"为了能够在最经济的水平上、并考虑到充分满足顾客要求的条件下进行生产和提供服务，并把企业各部门在研制质量、维持质量和提高质量方面的活动构成为一体的一种有效体系"。

## 3.1.2　全面质量管理

1. 三全管理

"三全管理"是指全过程、全员、全方位的质量管理。具体如下：

(1) 全过程的质量管理。全过程指的就是项目交付物的质量产生、形成和实现的过程。工程项目质量是勘察设计质量、原材料与成品半成品质量、施工质量、使用维护质量的综合反映。为了保证和提高工程质量，质量管理不能仅限于施工过程，而必须贯穿于从勘察设计直至使用维护的全过程，要把所有影响工程质量的环节和因素控制起来。

(2) 全员的质量管理。项目交付物质量是项目各方面、各部门、各环节工作质量的集中反映。提高工程项目质量依赖于上至项目经理下至一般员工的全体人员的共同努力。因此，质量管理必须把项目全体员工的积极性和创造性充分调动起来，人人关心工程项目质量，人人做好本职工作，全员参加质量管理，这是搞好质量管理的基础。

(3) 全方位的质量管理。工程项目建设过程涉及社会的各方面和工程建设企业的各部门。工程项目质量管理不仅靠建设实施也要靠社会各方面的支持配合，建设单位要通过自己的诚信行为和承担社会责任树立的良好形象，赢得社会各方面的理解支持和配合。这个任务不仅是由质量管理和质量检验部门来承担，而且必须由项目的其他部门参加，并对项目质量作出保证，实现项目全方位质量管理。

2. 全面质量管理理念

（1）质量第一的观点。工程质量是项目交付物使用价值的集中表现，因此，用户最关心的是工程质量，或者说用户的最大利益在于工程质量。在项目实施中必须树立"百年大计，质量第一"的思想。

（2）一切为用户服务的观点。凡是接收和使用项目交付物的单位和个人，都是用户。在项目实施过程中，"用户"有两层含义：首先，"用户"是指使用单位，它体现项目与项目交付物使用单位的关系，把传统的质量管理范围由内部引申到外部，促使工程项目质量的提高，满足用户的要求。其次，"用户"反映了上下工序的关系，凡是接收上道工序的交付成果进行再加工的下道工序，就是上道工序的"用户"。由于工程项目施工工序复杂，又是多工种交叉作业，往往工种之间、工序之间互为"用户"。为用户服务就是要满足用户的期望，让用户得到满意的产品和服务，把用户的需要放在第一位，为用户服务就是要满足用户的期望，让用户得到满意的产证供货及时，服务周到，价廉物美。根据用户需要，不断提高产品的技术性能和质量标准。

（3）预防为主的观点。预防为主的观点，是指事先分析影响交付物质量的各种因素，并找出主导因素，采取措施加以重点控制，使质量问题消灭在发生之前或萌芽状态，做到防患于未然。

（4）用数据说话的观点。数据是科学管理的基础，也是全面质量管理的基本依据。没有数据或数据不准确，质量管理就无从谈起。在工程项目建设中要善于收集整理、分析和利用数据，运用数理统计方法，找出质量事故发生的规律及影响质量的主、次因素，实现对质量的动态控制。

3. 全面质量管理的方法

全面质量管理的基本工作方法为 PDCA 循环。PDCA 分为四个阶段，即计划（P）、执行（D）、检查（C）、处理（A）。这个循环工作法是美国的戴明发明的，故又称"戴明循环"。四个阶段又可具体分为以下 8 个步骤：

（1）分析现状，找出存在的质量问题，并用数据加以说明。

（2）分析产生质量问题的各种问题，并逐个进行分析。

（3）找出影响质量问题的主要因素，通过抓主要因素解决质量问题。

PDCA

（4）针对影响质量问题的主要因素，制定计划和活动措施。

（5）按照计划要求及制订的质量目标、质量标准、操作规程去组织实施。

（6）将实际工作结果与计划内容相对比，通过检查，看是否达到预期效果，找出问题和异常情况。

（7）按检查结果，总结成败两方面的经验教训，成功的纳入标准和规程，予以巩固；不成功的，吸取教训，引以为戒，防止再次发生。

（8）处理本循环中尚未解决的问题，转入下一循环中去，通过再次循环求得解决。

其中，步骤（1）～（4）为第一阶段计划（P），主要是确定任务、目标、活动，拟定措施。步骤（5）为第二阶段执行（D）。步骤（6）为第三阶段检查（C）。步骤（7）(8)为第四阶段处理（A），主要是总结经验，改正缺点，将遗留问题转入下一轮循环。

随着管理循环的不停转动，原有的矛盾解决了，新的矛盾又产生了，矛盾不断产生，又不断地克服，克服后又产生新的矛盾，如此循环不止。每一次循环都将质量管理活动推向一个新的高度。

### 3.1.3　质量管理与施工质量管理

质量管理就是关于质量的管理，是在质量方面指挥和控制组织的协调活动，包括建立和确定质量方针和质量目标，并在质量管理体系中通过质量策划、质量保证、质量控制和质量改进等手段来实施全部质量管理职能，从而实现质量目标的所有活动。施工质量管理是指在工程项目施工安装和竣工验收阶段，指挥和控制施工组织关于质量的相互协调的活动，是工程项目施工围绕着使施工产品质量满足质量要求，而开展的策划、组织、计划、实施、检查、监督和审核等所有管理活动的总和。它是工程项目施工各级管理职能部门的共同职责，而直接领导工程项目施工的施工项目经理应负全责。施工项目经理必须调动与施工质量有关的所有人员的积极性，共同做好本职工作，才能完成施工质量管理的任务。

### 3.1.4　质量控制与施工质量控制

根据 GB 1900—2016《质量管理体系基础和术语》的定义，质量控制是质量管理的一部分，致力于满足质量要求。施工质量控制是在明确的质量方针指导下，通过对施工方案和资源配置的计划、实施、检查和处置，为了实现施工质量目标而进行的事前控制、事中控制和事后控制的系统过程。

### 3.1.5　施工质量控制的特点与责任

1. 施工质量控制的特点

施工质量控制的特点是由建设项目的工程特点和施工生产的特点决定的，施工质量控制必须考虑和适应这些特点，进行有针对性的管理。

（1）需要控制的因素多。工程项目的施工质量受到多种因素的影响。这些因素包括地质、水文、气象和周边环境等自然条件因素，勘察、设计、材料、机械、施工工艺、操作方法、技术措施，以及管理制度、办法等人为的技术管理因素。要保证工程项目的施工质量，必须对所有这些影响因素进行有效控制。

（2）控制的难度大。由于建筑产品的单件性和施工生产的流动性，不具有一般工业产品生产常有的固定的生产流水线、规范化的生产工艺、完善的检测技术、成套的生产设备和稳定的生产环境等条件，不能进行标准化施工，施工质量容易产生波动。而且施工作业面大、人员多、工序多、关系复杂、作业环境差，都加大了质量控制的难度。

（3）过程控制要求高。工程项目的施工过程，工序衔接多、中间交接多、隐蔽工程多，施工质量具有一定的过程性和隐蔽性。上道工序的质量往往会影响下道工序的质量，下道工序的施工往往又掩盖了上道工序的质量。因此，在施工质量控制工作中，必须强调过程控制，加强对施工过程的质量检查，及时发现和整改存在的质量问题，并及时做好检查、签证记录，为证明施工质量提供必要的证据。

钻孔灌注桩
施工质量
控制

（4）终检局限大。由于前面所述原因，工程项目建成以后不能像一般工业产品那样，可以依靠终检来判断和控制产品的质量；也不可能像工业产品那样将其拆卸或解体检查内在质量、更换不合格的零部件。工程项目的终检（竣工验收）只能从表面进行检查，难以发现在施工过程中产生、又被隐蔽了的质量隐患，存在较大的局限性。如果在终检时才发现严重质量问题，要整改也很难，如果不得不推倒重建，必然导致重大损失。

2. 施工质量控制的责任

我国的相关法规规定了施工单位及其他参建单位的施工质量控制责任。

（1）《建设工程质量管理条例》（中华人民共和国国务院令第 279 号）的相关规定。

1）施工单位对建设工程的施工质量负责。施工单位应当建立质量责任制，确定工程项目的项目经理、技术负责人和施工管理负责人。建设工程实行总承包的，总承包单位应当对全部建设工程质量负责；建设工程勘察、设计、施工、设备采购的一项或者多项实行总承包的，总承包单位应当对其承包的建设工程或者采购的设备的质量负责。

2）总承包单位依法将建设工程分包给其他单位的，分包单位应当按照分包合同的约定对其分包工程的质量向总承包单位负责，总承包单位与分包单位对分包工程的质量承担连带责任。

3）施工单位必须建立、健全施工质量的检验制度，严格工序管理，作好隐蔽工程的质量检查和记录。隐蔽工程在隐蔽前，施工单位应当通知建设单位和建设工程质量监督机构。

4）施工单位对施工中出现质量问题的建设工程或者竣工验收不合格的建设工程，应当负责返修。

5）施工单位应当建立、健全教育培训制度，加强对职工的教育培训。未经教育培训或者考核不合格的人员，不得上岗作业。

（2）住房和城乡建设部发布的《建筑施工项目经理质量安全责任十项规定（试行）》（建质〔2014〕123 号）的相关规定。

1）项目经理必须对工程项目施工质量安全负全责，负责建立质量安全管理体系，负责配备专职质量、安全等施工现场管理人员，负责落实质量安全责任制、质量安全管理规章制度和操作规程。

2）项目经理必须按照工程设计图纸和技术标准组织施工，不得偷工减料。负责组织编制施工组织设计，负责组织制定质量安全技术措施，负责组织编制、论证和实施危险性较大分部分项工程专项施工方案。负责组织质量安全技术交底。

3）项目经理必须组织对进入现场的建筑材料、构配件、设备、预拌混凝土等进行检验，未经检验或检验不合格，不得使用。必须组织对涉及结构安全的试块、试件以及有关材料进行取样检测，送检试样不得弄虚作假，不得篡改或者伪造检测报告，不得明示或暗示检测机构出具虚假检测报告。

4）项目经理必须组织做好隐蔽工程的验收工作，参加地基基础、主体结构等分部工程的验收，参加单位工程和工程竣工验收。必须在验收文件上签字，不得签署虚假文件。

主体结构质量管理——主体质量管理

（3）住房和城乡建设部发布的《建筑工程五方责任主体项目负责人质量终身责任追究暂行办法》（建质〔2014〕124号）的相关规定。

1）建筑工程五方责任主体项目负责人是指承担建筑工程项目建设的建设单位项目负责人、勘察单位项目负责人、设计单位项目负责人、施工单位项目经理、监理单位总监理工程师。

2）建筑工程五方责任主体项目负责人质量终身责任，是指参与新建、扩建、改建的建筑工程项目负责人按照国家法律法规和有关规定，在工程设计使用年限内对工程质量承担相应责任。

3）建设单位项目负责人对工程质量承担全面责任，不得违法发包、肢解发包，不得以任何理由要求勘察、设计、施工、监理单位违反法律法规和工程建设标准，降低工程质量，其违法违规或不当行为造成工程质量事故或质量问题应当承担责任。

勘察、设计单位项目负责人应当保证勘察设计文件符合法律法规和工程建设强制性标准的要求，对因勘察、设计导致的工程质量事故或质量问题承担责任。

施工单位项目经理应当按照经审查合格的施工图设计文件和施工技术标准进行施工，对因施工导致的工程质量事故或质量问题承担责任。

监理单位总监理工程师应当按照法律法规、有关技术标准、设计文件和工程承包合同进行监理，对施工质量承担监理责任。

4）符合下列情形之一的，县级以上地方人民政府住房和城乡建设主管部门应当依法追究项目负责人的质量终身责任：

a. 发生工程质量事故；

b. 发生投诉、举报、群体性事件、媒体报道并造成恶劣社会影响的严重工程质量问题；

c. 由于勘察、设计或施工原因造成尚在设计使用年限内的建筑工程不能正常使用；

d. 存在其他需追究责任的违法违规行为。

（4）《国务院办公厅转发〈住房城乡建设部关于完善质量保障体系提升建筑工程品质指导意见〉的通知》（国办函〔2019〕92号）提出，落实施工单位主体责任。施工单位应完善质量管理体系，建立岗位责任制度，设置质量管理机构，配备专职质量负责人，加强全面质量管理。推行工程质量安全手册制度，推进工程质量管理标准化，将质量管理要求落实到每个项目和员工。建立质量责任标识制度，对关键工序、关键部位隐蔽工程实施举牌验收，加强施工记录和验收资料管理，实现质量责任可追溯。施工单位对建筑工程的施工质量负责，不得转包、违法分包工程。

## 任务3.2  工程项目质量管理体系

质量管理体系是为了实现质量管理目标而建立的组织结构、职责、过程、资源、方法的有机整体。质量管理体系是围绕工程产品质量管理需要建立的。

### 3.2.1　ISO 9000 族标准

国际标准化组织（ISO）是由各国标准化团体（ISO 成员团体）组成的世界性的联合会，1987 年发布了 ISO 9000《质量管理和质量保证》等六项系列通用质量标准。此后又不断地对其进行补充、完善、修订，形成了 ISO 9000 族国际标准。该系列标准是世界上许多经济发达国家质量管理实践经验的科学总结，是人类质量管理的经验和智慧的结晶，得到国际社会和国际组织的认可和采用，已成为世界各国共同遵守的工作规范。2016 年12 月发布了对 ISO 9000 核心标准 ISO 9001 的最新修订。

我国对上述标准等同采用，并制定了我国的标准 GB/T 19000—2016《质量管理体系基础和术语》。该标准有以下特点：

（1）标准的结构与内容能更好地适用于所有产品类别、不同规模和各种类型的组织。

（2）强调质量管理体系的有效性和效率，引导组织关注顾客和其他相关方的满意度，而不仅仅是程序文件和记录。

（3）对标准要求的适用性进行了更加科学与明确的规定，在满足标准要求的途径与方法方面，提倡组织在确保有效性的前提下，可以根据自身经营管理的特点作出不同的选择，给予组织更多的灵活性。

（4）标准中增加了质量管理的八项原则，便于在理念和思路上理解标准的要求。

（5）采用"过程方法"的结构，同时体现了组织管理的一般原理，有助于组织结合自身的特点采用标准来建立质量管理体系，并重视有效性的改进与效率的提高。

（6）更加强调最高管理者的作用，包括对建立和持续改进质量管理体系的承诺，确保顾客的需求和期望得到满足，制定质量方针和质量目标并确保得到落实。

（7）将顾客和其他相关方满意或不满意信息的监视作为评价质量管理体系业绩的一种重要手段，强调要以顾客为关注焦点。

（8）突出了"持续改进是提高质量管理体系有效性和效率的手段"。

（9）概念明确，语言通俗，易于理解。

（10）对文件化的要求更加灵活，强调文件应能够为过程带来增值，记录只是证据的一种形式。

（11）强调 GB/T 19001 作为要求性标准和 GB/T 19004 作为指南性标准的协调一致性，有利业绩的持续改进。

（12）提高了与环境管理体系标准等其他管理体系标准的相容性。

### 3.2.2　质量管理原则

GB/T 19000—2016《质量管理体系基础和术语》提出了质量管理的七项原则，内容如下：

（1）以顾客为关注焦点。质量管理的首要关注点是满足顾客要求并且努力超越顾客期望。

（2）领导作用。各级领导建立统一的宗旨和方向，并创造全员积极参与实现组织的质量目标的条件。

（3）全员积极参与。整个组织内各级胜任、经授权并积极参与的人员，是提高组织创造和提供价值能力的必要条件。

（4）过程方法。将活动作为相互关联、功能连贯的过程组成体系来理解和管理时，可以更加有效地得到一致的、可预知的结果。

（5）改进。成功的组织总是致力于持续改进。

（6）循证决策。基于数据和信息的分析和评价的决策，更有可能产生期望的结果。

（7）项目关系管理。为了持续成功，组织需要管理与相关方（如供方）的关系。

### 3.2.3　工程项目施工质量保证体系的建立

#### 1. 质量保证体系的内涵和作用

所谓"体系"是指相互关联或相互影响的一组要素。质量保证体系是为了保证某项产品或某项服务能满足给定的质量要求的体系，包括质量方针和目标，以及为实现目标所建立的组织结构系统、管理制度办法、实施计划方案和必要的物质条件组成的整体。质量保证体系的运行包括该体系全部有目标、有计划的系统活动。

在工程项目施工中，完善的质量保证体系是满足用户质量要求的保证。施工质量保证体系通过对那些影响施工质量的要素进行连续评价，对建筑、安装、检验等工作进行检查，并提供证据。质量保证体系是企业内部的一种系统的技术和管理手段。在合同环境中，施工质量保证体系可以向建设单位（业主）证明施工单位具有足够的管理和技术上的能力，保证全部施工是在严格的质量管理中完成的，从而取得建设单位（业主）的信任。

#### 2. 施工质量保证体系的内容

工程项目的施工质量保证体系以控制和保证施工产品质量为目标，从施工准备、施工生产到竣工投产的全过程，运用系统的概念和方法，在全体人员的参与下，建立一套严密、协调、高效的全方位的管理体系，从而实现工程项目施工质量管理的制度化、标准化。其内容主要包括以下几个方面：

（1）项目施工质量目标。项目施工质量保证体系须有明确的质量目标，并符合项目质量总目标的要求。要以工程承包合同为基本依据，逐级分解目标以形成在合同环境下的各级质量目标。项目施工质量目标的分解主要从两个角度展开，即从时间角度展开，实施全过程的控制；从空间角度展开，实现全方位和全员的质量目标管理。

（2）项目施工质量计划。项目施工质量计划以特定项目为对象，是将施工质量验收统一标准、企业质量手册和程序文件的通用要求与特定项目联系起来的文件，应根据企业的质量手册和本项目质量目标来编制。施工质量计划可以按内容分为施工质量工作计划和施工质量成本计划。施工质量工作计划主要内容如下：

1）项目质量目标的具体描述。

2）对整个项目施工质量形成的各工作环节的责任和权限的定量描述。

3）采用的特定程序、方法和工作指导书。

4）重要工序的试验、检验、验证和审核大纲，质量计划修订和完善的程序。

5）为达到质量目标所采取的其他措施等。

6）施工质量成本计划是规定最佳质量成本水平的费用计划，是开展质量成本管理的基准。质量成本可分为运行质量成本和外部质量保证成本。运行质量成本是指为运行质量体系达到和保持规定的质量水平所支付的费用；外部质量保证成本是指依据合同要求向顾客提供所需要的客观证据所支付的费用，包括采用特殊的和附加的质量保证措施、程序以及检测试验和评定的费用。

（3）思想保证体系。思想保证体系是项目施工质量保证体系的基础。该体系就是运用全面质量管理的思想、观点和方法，使全体人员树立"质量第一"的观点，增强质量意识，在施工的全过程中全面贯彻"一切为用户服务"的思想，以达到提高施工质量的目的。

（4）组织保证体系。工程施工质量是各项管理工作成果的综合反映，也是管理水平的具体体现。项目施工质量保证体系必须建立健全各级质量管理组织，分工负责，形成一个有明确任务、职责、权限、互相协调和互相促进的有机整体。组织保证体系主要由健全各种规章制度，明确规定各职能部门主管人员和参与施工人员在保证和提高工程质量中所承担的任务、职责和权限，落实建筑工人实名制管理，建立质量信息系统等内容构成。

（5）工作保证体系。工作保证体系主要是明确工作任务和建立工作制度，落实在以下三个阶段：

1）施工准备阶段。施工准备是为整个项目施工创造条件。准备工作的好坏，不仅直接关系到工程建设能否高速、优质地完成，而且也决定了能否对工程质量事故起到一定的预防、预控作用。在这个阶段要完成各项技术准备工作，进行技术交底和技术培训，制订相应的技术管理制度；按质量控制和检查验收的需要，对工程项目进行划分并分级编号；建立工程测量控制网和测量控制制度；进行施工平面设计，建立施工场地管理制度；建立健全材料、机械管理制度等。

2）施工阶段。施工过程是建筑产品形成的过程，这个阶段的质量控制是确保施工质量的关键。必须加强工序管理，严格按照规范进行施工，建立质量检查制度，实行自检、互检和专检，应用 BIM 技术，强化过程控制，以确保施工阶段的工作质量。

3）竣工验收阶段。工程竣工验收，是指单位工程或单项工程竣工，经检查验收，移交给下道工序或移交给建设单位。这一阶段主要应做好成品保护，严格按规范标准进行检查验收和必要的处置，不让不合格工程进入下一道工序或进入市场，并做好相关资料的收集整理和移交，建立回访制度等。

## 3.2.4　企业质量管理体系文件的构成

质量管理体系标准明确要求，企业应有完整的和科学的质量体系文件，这是企业开展质量管理的基础，也是企业为达到所要求的产品质量，实施质量体系审核、认证，进行质量改进的重要依据。质量管理体系的文件主要由质量手册、程序文件、质量计划和质量记录等构成。

（1）质量手册。质量手册是质量管理体系的规范，是阐明一个企业的质量政策、质量体系和质量实践的文件，是实施和保持质量体系过程中长期遵循的纲领性文件。质量手册的主要内容包括：企业的质量方针、质量目标；组织机构和质量职责；各项质量活动的基本控制程序或体系要素；质量评审、修改和控制管理办法。

（2）程序文件。程序文件是质量手册的支持性文件，是企业落实质量管理工作而建立的各项管理标准、规章制度，是企业各职能部门为贯彻落实质量手册要求而规定的实施细则。程序文件一般至少应包括文件控制程序、质量记录管理程序、不合格品控制程序、内部审核程序、预防措施控制程序、纠正措施控制程序等。

（3）质量计划。质量计划是为了确保过程的有效运行和控制，在程序文件的指导下，针对特定的项目、产品、过程或合同，规定由谁何时应使用哪些程序和相关资源，采取何种质量措施的文件，通常可引用质量手册的部分内容或程序文件中适用于特定情况的部分。施工企业质量管理体系中的质量计划，由各个施工项目的施工质量计划组成。

（4）质量记录。质量记录是产品质量水平和质量体系中各项质量活动进行及结果的客观反映，是证明各阶段产品质量达到要求和质量体系运行有效的证据。

### 3.2.5　施工企业质量管理体系的建立

建立完善的质量管理体系并使之有效运行，是企业质量管理的核心，也是贯彻质量管理和质量保证标准的关键。施工企业质量管理体系的建立一般可分为三个阶段，即质量管理体系的建立、质量管理体系文件的编制和质量管理体系的运行。

1. 质量管理体系的建立

质量管理体系的建立是企业根据质量管理七项原则，在确定市场及顾客需求的前提下，制定企业的质量方针、质量目标、质量手册、程序文件和质量记录等体系文件，并将质量目标分解落实到相关层次、相关岗位的职能和职责中，形成企业质量管理体系执行系统的一系列工作。

2. 质量管理体系文件的编制

质量管理体系文件是质量管理体系的重要组成部分，也是企业进行质量管理和质量保证的基础。编制质量体系文件是建立和保持体系有效运行的重要基础工作。质量管理体系文件包括质量手册、质量计划、质量体系程序、详细作业文件和质量记录等。

3. 质量管理体系的运行

质量管理体系的运行即是在生产及服务的全过程按质量管理文件体系规定的程序、标准、工作要求及岗位职责进行操作运行，在运行过程中监测其有效性，做好质量记录，并实现持续改进。

## 任务 3.3　工程项目质量管理计划

项目质量计划应在项目管理策划过程中编制。项目质量计划作为对外质量保证和对内质量控制的依据，体现项目全过程质量管理要求。项目质量计划是关于项目质量管理体系过程和资源的文件，质量计划需与施工组织设计、施工方案等文件相协调与匹配，体现项目从资源投入到完成工程最终检验试验的全过程质量管理与控制要求，质量计划对外是质量保证文件，对内是质量控制文件。质量计划可以作为项目实施规划的一部分或单独成文。

　　质量计划由组织管理制度规定的责任人负责编制，并按照规定程序进行审批。项目质量计划应报组织批准。项目质量计划需修改时，应按原批准程序报批。

### 3.3.1　质量计划的概念

　　GB/T 19000—2016《质量管理体系基础和术语》中对"质量计划"的定义是：对特定的客体规定由谁及何时应程序和相关资源的规范。对工程项目而言，质量计划主要针对特定的项目所编制的规定程序和相应资源的文件。质量计划应明确指出所开展的质量活动，并直接或间接通过相应程序或其他文件，指出如何实施这些活动

### 3.3.2　质量计划的作用

　　（1）质量计划是一种工具，用于组织内部时，应确保特定产品、项目或合同的要求被恰当地纳入质量计划；质量计划能向其顾客证实具体合同的特定要求已被充分阐述。

　　（2）可在特定产品、项目或合同上代替或减少其他质量体系文件的运用，简化现场管理。

　　（3）应在合同签订前编制质量计划，并可作为质量文件的一部分参加投标。

### 3.3.3　项目质量计划编制依据

　　项目质量计划编制依据应包括下列内容：

　　（1）合同中有关产品质量要求。

　　（2）项目管理规划大纲。

　　（3）项目设计文件。

　　（4）相关法律法规和标准规范。

　　（5）质量管理其他要求。

### 3.3.4　项目质量计划的内容

　　项目质量计划应包括下列内容：

　　（1）质量目标和质量要求。

　　（2）质量管理体系和管理职责。

　　（3）质量管理与协调的程序。

　　（4）法律法规和标准规范。

　　（5）质量控制点的设置与管理。

　　（6）项目生产要素的质量控制。

　　（7）实施质量目标和质量要求所采取的措施。

　　（8）项目质量文件管理。

### 3.3.5　施工质量要达到的基本要求

　　施工质量要达到的最基本要求是施工建成的工程实体按照国家 GB 50300—2013《建筑工程施工质量验收统一标准》及相关专业验收规范检查验收合格。

建筑工程施工质量验收合格应符合下列规定：①符合工程勘察、设计文件的要求；②符合上述标准和相关专业验收规范的规定。

规定①是要符合勘察、设计对施工提出的要求。工程勘察、设计单位针对本工程的水文地质条件，根据建设单位的要求，从技术和经济结合的角度，为满足工程的使用功能和安全性、经济性、与环境的协调性等要求，以图纸、文件的形式对施工提出要求，是针对每个工程项目的个性化要求。这个要求可以归结为"按图施工"。

规定②是要符合国家法律、法规的要求。国家建设主管部门为了加强建筑工程质量管理，规范建筑工程施工质量的验收，保证工程质量，制定相应的标准和规范。这些标准、规范主要从技术的角度，为保证房屋建筑及各专业工程的安全性、可靠性、耐久性而提出的一般性要求。这个要求可以归结为"依法施工"。

施工质量在合格的前提下，还应符合施工承包合同约定的要求。施工承包合同的约定具体体现了建设单位的要求和施工单位的承诺，全面反映了对施工形成的工程实体在适用性、安全性、耐久性、可靠性、经济性和与环境的协调性等六个方面的质量要求。这个要求可以归结为"践约施工"。

为了达到上述要求，施工单位必须建立完善的质量管理体系，并努力提高该体系的运行质量，对影响施工质量的各项因素实行有效的控制，以保证施工过程的工作质量来保证施工形成的工程实体的质量。

"合格"是对施工质量的最基本要求，施工单位（特别是国有施工企业）应对标世界一流，不断地提升管理水平，进一步提升建设工程品质。有的专业主管部门设置了"优良"的施工质量评定等级。国家和地方（部门）的建设主管部门或行业协会设立了"中国建筑工程鲁班奖（国家优质工程）""金钢奖""白玉兰奖"，或以"某某杯"命名的各种优质工程奖等，都是为了鼓励包括施工单位在内的项目建设单位创造更优的施工质量和工程质量。项目质量创优宜采取下列措施：

（1）明确质量创优目标和创优计划。

（2）精心策划和系统管理。

（3）制定高于国家标准的控制准则。

（4）确保工程创优资料和相关证据的管理水平。

地砖铺贴工艺质量管理

主体工程质量管理——措施质量管理

# 任务 3.4　工程项目质量管理控制与保证措施

## 3.4.1　施工质量控制的基本环节、依据和一般方法

### 1. 施工质量控制的基本环节

施工质量控制应贯彻全面、全过程质量管理的思想，运用动态控制原理，进行质量的事前控制、事中控制和事后控制。

（1）质量事前控制。即在正式施工前进行的事前主动质量控制，通过编制施工质量计划，明确质量目标，制定施工方案，设置质量管理点，落实质量责任，分析可能导致质量目标偏离的各种影响因素，针对这些影响因素制

定有效的预防措施，防患于未然。

（2）质量事中控制。即在施工质量形成过程中，对影响施工质量的各种因素进行全面的动态控制。事中控制首先是对质量活动的行为约束，其次是对质量活动过程和结果的监督控制。事中控制的关键是坚持质量标准，控制的重点是对工序质量、工作质量和质量控制点的控制。

（3）质量事后控制。也称为事后质量把关，以使不合格的工序或最终产品（包括单位工程或整个工程项目）不流入下道工序、不进入市场。事后质量如控制包括对质量活动结果的评价、认定和对质量偏差的纠正。控制的重点是发现施工质量方面的缺陷，并通过分析提出施工质量改进的措施，保持质量处于受控状态。

以上三大环节不是互相孤立和截然分开的，而是共同构成有机的系统过程，实质上也就是质量管理 PDCA 循环的具体化，在每一次滚动循环中不断提高，达到质量管理和质量控制的持续改进。

2. 施工质量控制的依据

（1）共同性依据。指适用于施工阶段，且与质量管理有关的通用的、具有普遍指导意义和必须遵守的基本条件。主要包括工程建设合同、设计文件、设计交底及图纸会审记录、设计修改和技术变更等。国家和政府有关部门颁布的与质量管理有关的法律和法规性文件，如《中华人民共和国建筑法》《中华人民共和国招标投标法》和《建设工程质量管理条例》等。

（2）专业技术性依据。指针对不同的行业、不同质量控制对象制定的专业技术法规文件。包括规范、规程、标准、规定等，如工程建设项目质量检验评定标准；有关建筑材料、半成品和构配件的质量方面的专门技术法规性文件；有关材料验收、包装和标志等方面的技术标准和规定；施工工艺质量等方面的技术法规性文件；有关新工艺、新技术、新材料、新设备的质量规定和鉴定意见等。

（3）项目专用性依据。指本项目的工程建设合同、勘察设计文件、设计交底及图纸会审记录、设计修改和技术变更通知，以及相关会议记录和工程联系单等。

3. 施工质量控制的一般方法

（1）质量文件审核。审核有关技术文件、报告或报表，是对工程质量进行全面管理的重要手段。这些文件包括：①施工单位的企业资质证明文件和质量保证体系文件；②施工组织设计和施工方案及技术措施；③有关材料和半成品及构配件的质量检验报告；④有关应用新技术、新工艺、新材料的现场试验报告和鉴定报告；⑤反映工序质量动态的统计资料或控制图表；⑥设计图纸及其变更和修改文件；⑦有关工程质量事故的处理方案；⑧相关方面在现场签署的有关技术签证和文件等。

（2）现场质量检查。

1）内容。

a. 开工前的检查：主要检查是否具备开工条件，开工后是否能够保持连续正常施工，能否保证工程质量。

b. 工序交接检查：对于重要的工序或对工程质量有重大影响的工序，应严格执行

"三检"制度，即自检、互检、专检。未经监理工程师（或建设单位项目技术负责人）检查认可，不得进行下道工序施工。

土方工程
质量控制

c. 隐蔽工程的检查：施工中凡是隐蔽工程必须检查认证后方可进行隐蔽掩盖。

d. 停工后复工的检查：因客观因素停工或处理质量事故等停工复工时，经检查认可后方能复工。

e. 分项、分部工程完工后的检查：分项、分部工程完工后应经检查认可，并签署验收记录后，才能进行下一工程项目的施工。

f. 成品保护的检查：检查成品有无保护措施以及保护措施是否有效可靠。

2）方法。现场质量检查的方法主要有目测法、实测法和试验法等。

a. 目测法：即凭借感官进行检查，也称观感质量检验。其手段可概括为"看、摸、敲、照"四个字。所谓看，就是根据质量标准要求进行外观检查。例如，清水墙面是否洁净，喷涂的密实度和颜色是否良好、均匀，工人的操作是否正常，内墙抹灰的大面及口角是否平直，混凝土外观是否符合要求等。摸，就是通过触摸手感进行检查、鉴别。例如油漆的光滑度，浆活是否牢固、不掉粉等。敲，就是运用敲击工具进行音感检查。例如，对地面工程、装饰工程中的水磨石、面砖、石材饰面等，均应进行敲击检查。照，就是通过人工光源或反射光照射，检查难以看到或光线较暗的部位。例如，管道井、电梯井等内部的管线、设备安装质量，装饰吊顶内连接及设备安装质量等。

墙面抹灰
工艺质量
管理

b. 实测法：就是通过实测，将实测数据与施工规范、质量标准的要求及允许偏差值进行对照，以此判断质量是否符合要求。其手段可概括为"靠、量、吊、套"四个字。所谓靠，就是用直尺、塞尺检查。例如，墙面、地面、路面等的平整度。量，就是指用测量工具和计量仪表等检查断面尺寸、轴线、标高、湿度、温度等的偏差。例如，大理石板拼缝尺寸与超差数量、摊铺沥青拌和料的温度、混凝土切落度的检测等。吊，就是利用托线板以及线锤吊线检查垂直度。例如，砌体、门窗安装的垂直度检查等。套，是以方尺套方，辅以塞尺检查。例如，对阴阳角的方正、踢脚线的垂直度、预制构件的方正、门窗口及构件的对角线检查等。

c. 试验法：是指通过必要的试验手段对质量进行判断的检查方法。主要如下：

理化试验。工程中常用的理化试验包括物理力学性能方面的检验和化学成分及其含量的测定等两个方面。力学性能的检验如各种力学指标的测定，包括抗拉强度、抗压强度、抗弯强度、抗折强度、冲击韧性、硬度、承载力等。各种物理性能方面的测定如密度、含水量、凝结时间、安定性及抗渗、耐磨、耐热性能等。化学成分及其含量的测定如钢筋中的磷、硫含量，混凝土中粗集料中的活性氧化硅成分，以及耐酸、耐碱、抗腐蚀性等。此外，根据规定有时还需进行现场试验，例如，对桩或地基的静载试验、下水管道的通水试验、压力管道的耐压试验、防水层的蓄水或淋水试验等。

无损检测。利用专门的仪器仪表从表面探测结构物、材料、设备的内部组织结构或损伤情况。常用的无损检测方法有超声波探伤、射线探伤、射线探伤等。

### 3.4.2　影响施工质量的主要因素

影响施工质量的主要因素有人（man）、材料（material）、机械（machine）、方法（method）及环境（environment）等五大方面，即 4M1E。

**1. 人的因素**

这里讲的"人"包括直接参与施工的决策者、管理者和作业者。人的因素影响主要是指上述人员个人的质量意识及质量活动能力对施工质量的形成造成的影响。我国实行的执业资格注册制度及作业人员持证上岗制度等，从本质上说，就是对从事施工活动的人的素质和能力进行必要的控制。在施工质量管理中，人的因素起决定性的作用。所以，施工质量控制应以控制人的因素为基本出发点。人，作为控制对象，人的工作应避免失误；作为控制动力，应充分调动人的积极性，发挥人的主导作用。必须有效控制参与施工的人员素质，不断提高人的质量活动能力，才能保证施工质量。

**2. 材料的因素**

材料包括工程材料和施工用料，又包括原材料、半成品、成品、构配件和周转材料等。各类材料是工程施工的物质条件，材料质量是工程质量的基础，材料质量不符合要求，工程质量就不可能达到标准。所以加强对材料的质量控制，是保证工程质量的重要基础。

**3. 机械的因素**

机械设备包括工程设备、施工机械和各类施工器具。工程设备是指组成工程实体的工艺设备和各类机具，如各类生产设备、装置和辅助配套的电梯、泵机，以及通风空调、消防、环保设备等，它们是工程项目的重要组成部分，其质量的优劣，直接影响工程使用功能的发挥。施工机械设备是指施工过程中使用的各类机具设备，包括运输设备、吊装设备、操作工具、测量仪器、计量器具以及施工安全设施等。施工机械设备是所有施工方案和工法得以实施的重要物质基础，合理选择和正确使用施工机械设备是保证施工质量的重要措施。

**4. 方法的因素**

施工方法包括施工技术方案、施工工艺、工法和施工技术措施等。从某种程度上说，技术工艺水平的高低，决定了施工质量的优劣。采用先进合理的工艺、技术，依据规范的工法和作业指导书进行施工，必将对组成质量因素的产品精度、强度、平整度、清洁度、耐久性等物理、化学特性等方面起到良性的推进作用。比如建设主管部门在建筑业中推广应用的多项新技术，包括地基基础和地下空间工程技术，钢筋与混凝土技术，模板及脚手架技术，装配式混凝土结构技术，钢结构技术，机电安装工程技术，绿色施工技术，防水技术与维护结构节能，抗震、加固与监测技术，信息化技术等，对消除质量通病、提升建设工程品质，收到了良好效果。

**5. 环境的因素**

环境的因素主要包括施工现场自然环境因素、施工质量管理环境因素和施工作业环境因素。环境因素对工程质量的影响，具有复杂多变和不确定性的特点。

（1）施工现场自然环境因素：主要指工程地质、水文、气象条件和周边建筑、地下障碍物以及其他不可抗力等对施工质量的影响因素。例如，在地下水位高的地区，若在雨季进行基坑开挖，遇到连续降雨或排水困难，就会引起基坑塌方或地基受水浸泡影响承载力等。

（2）施工质量管理环境因素：主要指施工单位质量管理体系、质量管理制度和各参建施工单位之间的协调等因素。根据承发包的合同结构，理顺管理关系，建立统一的现场施工组织系统和质量管理的综合运行机制，确保工程项目质量保证体系处于良好的状态，创造良好的质量管理环境和氛围，是施工顺利进行、提高施工质量的保证。

（3）施工作业环境因素：主要指施工现场平面和空间环境条件，各种能源介质供应，施工照明、通风、安全防护设施，施工场地给水排水以及交通运输和道路条件等因素。这些条件是否良好，直接影响到施工能否顺利进行以及施工质量能否得到保证。对影响施工质量的上述因素进行控制，是施工质量控制的主要内容。

### 3.4.3　项目各阶段的质量控制流程及规定

1. 设计质量控制流程
（1）按照设计合同要求进行设计策划。
（2）根据设计需求确定设计输入。
（3）实施设计活动并进行设计评审。
（4）验证和确认设计输出。
（5）实施设计变更控制。
2. 采购质量控制流程
（1）确定采购程序。
（2）明确采购要求。
（3）选择合格的供应单位。
（4）实施采购合同控制。
（5）进行进货检验及问题处置。
3. 施工质量控制流程
（1）施工质量目标分解。
（2）施工技术交底与工序控制。
（3）施工质量偏差控制。
（4）产品或服务的验证、评价和防护。

此外，项目质量创优控制宜符合的规定包括：①明确质量创优目标和创优计划；②精心策划和系统管理；③制定高于国家标准的控制准则；④确保工程创优资料和相关证据的管理水平。

工程创优应在开工前根据工程合同、工程特点、体量、规模及企业自身经营发展理念等确定项目创优的目标。项目质量创优的工程还应符合优质工程申报条件。项目质量创优需注重事前策划、细部处理、深化设计和技术创新。施工质量策划确定项目施工质量目标、措施和主要技术管理程序，同时制定施工分项分部工程的质量控制标准，为施工质量提供控制依据。项目质量创优不是组织必须实施的工作，是组织根据合同要求或组织的承诺实施的一种特殊质量管理行为，其工程质量结果一般应高于国家规定的合格标准。

# 任务 3.5　建设工程项目施工质量验收

建设工程项目施工质量验收要按照现行的统一标准和各专业施工质量验收规范进行。施工质量验收包括施工过程的工程质量验收和施工项目竣工质量验收。

## 3.5.1　施工过程的工程质量验收

施工过程的工程质量验收，是指在施工过程中、在施工单位自行质量检查评定的基础上，参与建设活动的有关单位共同对检验批、分项、分部、单位工程的质量进行抽样复验，根据相关标准以书面形式对工程质量达到合格与否做出确认。

1. 检验批质量验收合格应符合的规定

（1）主控项目的质量经抽样检验均应合格。

（2）一般项目的质量经抽样检验合格。

（3）具有完整的施工操作依据、质量检查记录。

检验批是施工过程中条件相同并有一定数量的材料、构配件或安装项目，由于其质量基本均匀一致，因此可以作为检验的基础单位，并按批验收。检验批是工程验收的最小单位，是分项工程乃至整个建筑工程质量验收的基础。施工操作依据和质量检查记录等质量控制资料包括检验批从原材料到最终验收的各施工工序的操作依据、质量检查情况记录以及保证质量所必需的管理制度等。对其完整性的检查，实际是对过程控制的确认，这是检验批合格的前提。检验批的合格质量主要取决于对主控项目和一般项目的检验结果。主控项目是对检验批的基本质量起决定性影响的检验项目，因此，必须全部符合有关专业工程验收规范的规定。这意味着主控项目不允许有不符合要求的检验结果，这种项目的检查具有"否决权"必须从严要求。

2. 分项工程质量验收合格符合的规定

（1）所含检验批的质量均应验收合格。

（2）所含检验批的质量验收记录应完整。

分项工程的质量验收在检验批验收的基础上进行。一般情况下，两者具有相同或相近的性质，只是批量的大小不同而已。将有关的检验批验收汇集起来就构成分项工程验收。分项工程质量验收合格的条件比较简单，只要构成分项工程的各检验批的验收资料文件完整，并且均已验收合格，则分项工程验收合格。

3. 分部工程质量验收合格符合的规定

（1）所含分项工程的质量均应验收合格。

（2）质量控制资料应完整。

（3）有关安全、节能、环境保护和主要使用功能的检验结果应符合相应规定。

（4）观感质量应符合要求。

分部工程的验收在其所含各分项工程验收的基础上进行。分部工程验收合格的条件是：分部工程所含的各分项工程已验收合格且相应的质量控制资料文件必须完整，这是验收的基本条件。此外，由于各分项工程的性质不尽相同，因此分部工程不能简单地将各分项工程组合进行验收，尚需增加以下两类检查项目：

（1）涉及安全和使用功能的地基基础、主体结构及有关安全及重要使用功能的安装分部工程应进行有关见证取样送样试验或抽样检测。

（2）观感质量验收。这类检查往往难以定量，只能以观察、触摸或简单量测的方式进行，并由各个人的主观印象判断，检查结果并不给出"合格"或"不合格"的结论，而是综合给出质量评价。对于评价为"差"的检查点应通过返修处理等补救。

4. 单位工程质量验收合格符合的规定

（1）所含分部工程的质量均应验收合格。

（2）质量控制资料应完整。

（3）所含分部工程有关安全、节能、环境保护和主要使用功能的检验资料应完整。

（4）主要使用功能的抽查结果应符合相关专业质量验收规范的规定。

（5）观感质量应符合要求。

单位工程质量验收也称质量竣工验收。委托监理的工程项目单位工程完工后，施工单位应组织有关人员进行自检。总监理工程师应组织各专业监理工程师对工程质量进行评估。存在施工质量问题时，应由施工单位整改。整改完毕后，由施工单位向建设单位提交工程竣工报告，申请工程竣工验收。

5. 在施工过程的工程质量验收中发现质量不符合要求的处理办法

一般情况下，不合格现象在最基层的验收单位，检验批验收时就应发现并及时处理，否则将影响后续批和相关的分项工程、分部工程的验收。所有质量隐患必须尽快消灭在萌芽状态，这是以强化验收促进过程控制原则的体现。对质量不符合要求的处理分以下四种情况：

（1）在检验批验收时，其主控项目不能满足验收规范或一般项目超过偏差限值的子项数不符合检验规定的要求时，应及时进行处理。其中，严重的缺陷应推倒重来。一般的缺陷通过返修或更换器具、设备予以处理，应允许在施工单位采取相应的措施消除缺陷后重新验收。重新验收结果如能够符合相应的专业工程质量验收规范要求，则应认为该检验批合格。

（2）发现检验批的某些项目或指标（如试块强度等）不满足要求，难以确定可否验收时，应请具有法定资质的检测单位对工程实体检测鉴定。当鉴定结果能够达到设计要求时，该检验批应认为通过验收。

（3）如对工程实体的检测鉴定达不到设计要求，但经原设计单位核算，仍能满足规范标准要求的结构安全和使用功能的情况，该检验批可予以验收。一般情况下，规范标准给出了满足安全和功能的最低限度要求，而设计往往在此基础上留有一些余量。不满足设计要求和符合相应规范标准的要求，两者并不一定矛盾。

（4）更为严重的缺陷或者超过检验批的更大范围内的缺陷，可能影响结构的安全性和使用功能。若经具有法定资质的检测单位检测鉴定以后认为达不到规范标准的相应要求，即不能满足最低限度的安全储备和使用功能，则必须按一定的技术方案进行加固处理，使之能保证满足安全使用的基本要求。这样可能会造成一些永久性的缺陷，如改变结构外形尺寸，影响一些次要的使用功能等。为了避免社会财富更大的损失，在不影响安全和主要使用功能条件下可按处理技术方案和协商文件进行验收，责任方应承担经济责任。

通过返修或加固处理仍不能满足安全使用要求的分部工程、单位（子单位）工程，严禁验收。

### 3.5.2　施工项目竣工质量验收

施工项目竣工质量验收是施工质量控制的最后一个环节，是对施工过程质量控制成果的全面检验，是从终端把关方面进行质量控制。未经验收或验收不合格的工程，不得交付使用。

1. 施工项目竣工质量验收的依据

施工项目竣工质量验收的依据主要包括以下几个方面：

（1）上级主管部门的有关工程竣工验收的文件和规定。

（2）国家和有关部门颁发的施工、验收规范和质量标准。

（3）批准的设计文件、施工图纸及说明书。

（4）双方签订的施工合同。

（5）设备技术说明书。

（6）设计变更通知书。

（7）有关的协作配合协议书等。

2. 施工项目竣工质量验收的条件

施工项目符合下列要求方可进行竣工验收：

（1）完成工程设计和合同约定的各项内容。

（2）施工单位在工程完工后对工程质量进行检查，确认工程质量符合有关法律、法规和工程建设强制性标准，符合设计文件及合同要求，并提出工程竣工报告。工程竣工报告应经项目经理和施工单位有关负责人审核签字。

（3）对于委托监理的工程项目，监理单位对工程进行质量评估，具有完整的监理资料，并提出工程质量评估报告。工程质量评估报告应经总监理工程师和监理单位有关负责人审核签字。

（4）勘察、设计单位对勘察、设计文件及施工过程中由设计单位签署的设计变更通知书进行检查，并提出质量检查报告。质量检查报告应经该项目勘察、设计负责人和勘察、设计单位有关负责人审核签字。

（5）有完整的技术档案和施工管理资料。

（6）有工程使用的主要建筑材料、建筑构配件和设备的进场试验报告，以及工程质量检测和功能性试验资料。

（7）建设单位已按合同约定支付工程款。

（8）有施工单位签署的工程质量保修书。

（9）对于住宅工程，进行分户验收并验收合格，建设单位按户出具"住宅工程质量分户验收表"。

（10）建设主管部门及工程质量监督机构责令整改的问题全部整改完毕。

（11）法律、法规规定的其他条件。

3. 施工项目竣工质量验收程序

竣工质量验收应当按以下程序进行：

（1）工程完工并对存在的质量问题整改完毕后，施工单位向建设单位提交工程竣工报告，申请工程竣工验收。实行监理的工程，工程竣工报告须经总监理工程师签署意见。

（2）建设单位收到工程竣工报告后，对符合竣工验收要求的工程，组织勘察、设计、施工、监理等单位组成验收组，制定验收方案。对于重大工程和技术复杂工程，根据需要可邀请有关专家参加验收组。

（3）建设单位应当在工程竣工验收 7 个工作日前将验收的时间、地点及验收组名单书面通知负责监督该工程的工程质量监督机构。

（4）建设单位组织工程竣工验收。具体内容如下：

1）建设、勘察、设计、施工、监理单位分别汇报工程合同履约情况和在工程建设各个环节执行法律、法规和工程建设强制性标准的情况。

2）审阅建设、勘察、设计、施工、监理单位的工程档案资料。

3）实地查验工程质量。

4）对工程勘察、设计、施工、设备安装质量和各管理环节等方面作出全面评价，形成经验收组人员签署的工程竣工验收意见。参与工程竣工验收的建设、勘察、设计、施工、监理等各方不能形成一致意见时，应当协商提出解决的方法，待意见一致后，重新组织工程竣工验收。

4. 竣工验收报告的内容

工程竣工验收合格后，建设单位应当及时提出工程竣工验收报告。工程竣工验收报告主要包括：工程概况；建设单位执行基本建设程序情况；对工程勘察、设计、施工、监理等面的评价；工程竣工验收时间、程序、内容和组织形式；工程竣工验收意见等内容。

工程竣工验收报告还应附有下列文件：

（1）施工许可证。

（2）施工图设计文件审查意见。

（3）上述"2. 施工项目竣工质量验收的条件"中（2）（3）（4）（8）项规定的文件。

（4）验收组人员签署的工程竣工验收意见。

（5）法规、规章规定的其他有关文件。

# 任务 3.6　工程项目质量的预防与处置

建立健全施工质量管理体系，加强施工质量控制，都是为了预防施工质量问题和质量事故，在保证工程质量合格的基础上，不断提高工程质量。所以，所有施工质量控制的措施和方法，都是预防施工质量问题和质量事故的手段。具体来说，施工质量事故的预防，可以从分析常见的质量通病入手，深入挖掘和研究可能导致质量事故发生的原因，抓住影响施工质量的各种因素和施工质量形成过程的各个环节，采取针对性的有效预防措施。

### 3.6.1　常见的质量通病

以房屋建筑工程为例，常见的质量通病有以下几种：

（1）基础不均匀下沉，墙身开裂。

（2）现浇钢筋混凝土工程出现蜂窝、麻面、露筋。

（3）现浇钢筋混凝土阳台、雨篷根部开裂或倾覆、明塌。

（4）砂浆、混凝土配合比控制不严，任意加水，强度得不到保证。

（5）屋面、厨房、卫生间渗水、漏水。

（6）墙面抹灰起壳、裂缝、起麻点、不平整。

（7）地面及楼面起砂、起壳、开裂。

（8）门窗变形，缝隙过大，密封不严。

（9）水暖电工安装粗糙，不符合使用要求。

（10）结构吊装就位偏差过大。

（11）预制构件裂缝，预埋件移位，预应力张拉不足。

（12）砖墙接槎或预留脚手眼不符合规范要求。

（13）金属栏杆、管道、配件锈蚀。

（14）墙纸粘贴不牢，空鼓、梢皱、压平起光。

（15）饰面砖拼缝不平、不直、空鼓、脱落。

（16）喷浆不均匀，脱色、掉粉等。

### 3.6.2　施工质量事故发生的原因

施工质量事故发生的原因大致有以下几种：

**1. 非法承包，偷工减料**

由于社会腐败现象对施工领域的侵袭，非法承包，偷工减料"豆腐渣"工程，成为近年重大施工质量事故的首要原因。

**2. 违背基本建设程序**

《建设工程质量管理条例》规定，从事建设工程活动，必须严格执行基本建设程序，坚持先勘察、后设计、再施工的原则。但是现实情况是，违反基本建设程序的现象屡禁不止，无立项、无报建、无开工许可、无招标投标、无资质、无监理、无验收的"七无"工程，边勘察、边设计、边施工的"三边"工程屡见不鲜。

**3. 勘察设计的失误**

地质勘察过于疏略，勘察报告不准不细，致使地基基础设计采用不正确的方案。或结构设计方案不正确，计算失误，构造设计不符合规范要求等。

**4. 施工的失误**

施工管理人员及实际操作人员的思想、技术素质差，是造成施工质量事故的普遍原因。

**5. 自然条件的影响**

建筑施工露天作业多，恶劣的天气或其他不可抗力都可能引发施工质量事故。

### 3.6.3　施工质量事故预防的具体措施

（1）严格依法进行施工组织管理。

（2）严格按照基本建设程序办事。

（3）认真做好工程地质勘察。

（4）科学地加固处理好地基。

（5）进行必要的设计审查复核。

（6）严格把好建筑材料及制品的质量关。

（7）强化从业人员管理。

（8）加强施工过程的管理。

（9）做好应对不利施工条件和各种灾害的预案。

（10）加强施工安全与环境管理。

### 3.6.4　施工质量事故的处理

1. 施工质量事故处理的依据

（1）质量事故的实况资料。包括质量事故发生的时间、地点；质量事故状况的描述；质量事故发展变化的情况；有关质量事故的观测记录、事故现场状态的照片或录像；事故调查组调查研究所获得的第一手资料。

（2）有关的合同文件。包括工程承包合同、设计委托合同、设备与器材购销合同、监理合同及分包合同等。

（3）有关的技术文件和档案。主要是有关的设计文件（如施工图纸和技术说明）、与施工有关的技术文件、档案和资料（如施工方案、施工计划、施工记录、施工日志、有关建筑材料的质量证明资料、现场制备材料的质量证明资料、质量事故发生后对事故状况的观测记录、试验记录或试验报告等）。

（4）相关的建设法规。主要包括《中华人民共和国建筑法》《建设工程质量管理条例》和《关于做好房屋建筑和市政基础设施工程质量事故报告和调查处理工作的通知》（建质〔2010〕111号）等与工程质量及质量事故处理有关的法规，勘察、设计、施工、监理等单位资质管理方面的法规，从业者资格管理方面的法规，建筑市场方面的法规，建筑施工方面的法规，以及标准化管理方面的法规等。

2. 施工质量事故的处理程序

施工质量事故发生后，按照《关于做好房屋建筑和市政基础设施工程质量事故报告和调查处理工作的通知》（建质〔2010〕111号）的规定，事故现场有关人员应立即向工程建设单位负责人报告。工程建设单位负责人接到报告后，应于1小时内向事故发生地县级以上人民政府住房和城乡建设主管部门及有关部门报告。如果同时发生安全事故，施工单位应当立即启动生产安全事故应急救援预案，组织抢救遇险人员，采取必要措施，防止事故危害扩大和次生、衍生灾害发生。房屋市政工程生产安全和质量较大及以上事故的查处督办，按照住房和城乡建设部《房屋市政工程生产安全和质量事故查处督办暂行办法》规定的程序办理。施工质量事故处理的一般程序如图3.1所示。

（1）事故调查。事故调查应力求及时、客观、全面，以便为事故的分析与处理提供正确的依据。调查结果，要整理撰写成事故调查报告，其主要内容包括：工程项目和参建单位概况；事故基本情况；事故发生后所采取的应急防护措施；事故调查中的有关数据、资料；对事故原因和事故性质的初步判断，对事故处理的建议；事故涉及人员与主要责任者的情况等。

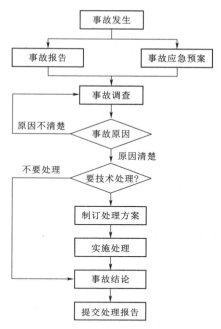

图 3.1　施工质量事故处理程序

（2）事故的原因分析。要建立在事故调查的基础上，避免情况不明就主观推断事故的原因。特别是对涉及勘察、设计、施工、材料和管理等方面的质量事故，往往事故的原因错综复杂，因此，必须对调查所得到的数据、资料进行仔细的分析，去伪存真，找出造成事故的主要原因。

（3）制订事故处理的技术方案。事故的处理要建立在原因分析的基础上，并广泛地听取专家及有关方面的意见，经科学论证，决定事故是否进行处理和怎样处理。在制定事故处理方案时，应做到安全可靠、技术可行、不留隐患、经济合理、具有可操作性，满足结构安全和使用功能要求。

（4）事故处理。根据制定的质量事故处理的方案，对质量事故进行认真处理。处理的内容主要包括：事故的技术处理，以解决施工质量不合格和质量缺陷问题；事故的责任处罚，根据事故的性质、损失大小、情节轻重对事故的责任单位和责任人作出相应的行政处分直至追究刑事责任。

（5）事故处理的鉴定验收。质量事故的处理是否达到预期的目的，是否依然存在隐患，应当通过检查鉴定和验收作出确认。事故处理的质量检查鉴定，应严格按施工验收规范和相关的质量标准的规定进行，必要时还应通过实际量测、试验和仪器检测等方法获取必要的数据，以便准确地对事故处理的结果做出鉴定，最终形成结论。

（6）提交处理报告。事故处理结束后，必须尽快向主管部门和相关单位提交完整的事故处理报告，其内容包括：事故调查的原始资料、测试的数据，事故原因分析、论证；事故处理的依据；事故处理的方案及技术措施；实施质量处理中有关的数据、记录、资料；检查验收记录；事故处理的结论等。

3. 施工质量事故处理的基本要求

（1）质量事故的处理应达到安全可靠、不留隐患、满足生产和使用要求、施工方便、经济合理的目的。

（2）重视消除造成事故的原因，注意综合治理。

（3）正确确定处理的范围和正确选择处理的时间和方法。

（4）加强事故处理的检查验收工作，认真复查事故处理的实际情况。

（5）确保事故处理期间的安全。

**4．施工质量问题和质量事故处理的基本方法**

（1）返修处理。当工程某些部分的质量虽未达到规范、标准或设计规定的要求，存在一定的缺陷，但经过返修后可以达到要求的质量标准，又不影响使用功能或外观的要求时，可采取返修处理的方法。例如，某些混凝土结构表面出现蜂窝、麻面，经调查分析，该部位经返修处理后，不会影响其使用及外观则可进行返修处理。再比如对混凝土结构出现的裂缝，经分析研究后如果不影响结构的安全和使用时，也可采取返修处理。

（2）加固处理。主要是针对危及承载力的质量缺陷的处理。通过对缺陷的加固处理，使建筑结构恢复或提高承载力，重新满足结构安全性及可靠性的要求，使结构能继续使用或改作其他用途。例如，对混凝土结构常用加固的方法主要有：增大截面加固法、外包角钢加固法、粘钢加固法、增设支点加固法、增设剪力墙加固法和预应力加固法等。

（3）返工处理。当工程质量缺陷经过返修处理后仍不能满足规定的质量标准要求，或不具备补救可能性，则必须实行返工处理。例如，某工厂设备基础的混凝土浇筑时掺入木质素磺酸钙减水剂，因施工管理不善，掺量多于规定7倍，导致混凝土坍落度大于180mm，石子下沉，混凝土结构不均匀，浇筑后5天仍然无法凝固硬化，28天的混凝土实际强度不到规定强度的32%，不得不返工重浇。

（4）限制使用。当工程质量缺陷按返修方法处理后无法保证达到规定的使用要求和安全要求，而又无法返工处理的情况下，不得已时可做出诸如结构卸荷或减荷以及限制使用的决定。

（5）不作处理。某些工程质量问题虽然达不到规定的要求或标准，但其情况不严重，对工程或结构的使用及安全影响很小，经过分析、论证、法定检测单位鉴定和设计单位等认可后可不专门作处理。一般可不作专门处理的情况有以下几种：

1）不影响结构安全、生产工艺和使用要求的质量缺陷。比如，某些部位的混凝土表面的裂缝，经检查分析，属于表面养护不够的干缩微裂，不影响使用和外观，也可不作处理。

2）后道工序可以弥补的质量缺陷。例如，混凝土结构表面的轻微麻面，可通过后续的抹灰、刮涂、喷涂等弥补，也可不作处理。

3）法定检测单位鉴定合格的工程。例如，某检验批混凝土试块强度值不满足规范要求，强度不足，但经法定检测单位对混凝土实体强度进行实际检测后，其实际强度达到规范允许和设计要求值时，可不作处理。

4）出现质量缺陷的工程，经检测鉴定达不到设计要求，但经原设计单位核算，仍能满足结构安全和使用功能的。例如，某一结构构件截面尺寸不足，或材料强度不足，影响结构承载力，但按实际情况进行复核验算后仍能满足设计要求的承载力时，可不进行专门处理。这种做法实际上是挖掘设计潜力或降低设计的安全系数，应谨慎处理。

（6）报废处理。出现质量事故的工程，通过分析或实验，采取上述处理方法后仍不能满足规定的质量要求或标准，则必须予以报废处理。

# 任务 3.7　工程项目质量改进

《建设工程项目管理规范》建议项目管理机构在质量管控过程中应及时跟进并落实项目的改进。改进具体内容如下：

（1）项目管理机构应根据不合格的信息，评价采取改进措施的需求，实施必要的改进措施。当经过验证效果不佳或未完全达到预期的效果时，应重新分析原因，采取相应措施。

（2）项目管理机构是质量改进的主要实施者，项目管理机构按组织要求定期进行质量分析，提出持续改进的措施，将有助于管理层了解、促进项目管理机构的质量改进工作。组织可采取质量方针、目标、审核结果、数据分析、纠正预防措施以及管理评审等持续改进质量措施，确保管理的有效性。

（3）项目管理机构应定期对项目质量状况进行检查、分析，向组织提出质量报告，明确质量状况、发包人及其他相关方满意程度、产品要求的符合性以及项目管理机构的质量改进措施。

（4）组织应对项目管理机构进行培训、检查、考核，定期进行内部审核，确保项目管理机构的质量改进。

（5）组织应了解发包人及其他相关方对质量的意见，确定质量管理改进目标，提出相应措施并予以落实。

## 课　后　练　习

### 一、基础训练

1. 施工质量控制的特点主要有哪些？

2. 施工企业质量管理体系文件主要有哪些？

3. 简要叙述工程竣工验收程序。

4. 工程项目质量保证体系的主要内容有哪些？

5. 施工五大质量影响因素指的是哪几个？

6. 施工质量问题和质量事故处理的基本方法有哪些？

### 二、考证进阶

1. 根据《建设工程质量管理条例》，监理工程师对建设工程实施监理的主要形式是（　　）。（2021真题）

A. 旁站、验收和平行检查

B. 旁站、验收和专检

C. 旁站、抽检和专检

D. 旁站、巡视和平行检验

2. 下列项目施工质量管理体系文件中，能够证明各阶段产品质量达到要求的是（　　）。（2021真题）

A. 质量记录

B. 质量手册

C. 程序文件

D. 质量计划

3. 下列施工质量控制工作中，属于事前控制的是（    ）。（2021 真题）

A. 编制施工质量计划

B. 约束质量活动的行为

C. 监督质量活动过程

D. 处理施工质量事故

4. 根据施工承包合同只能怪，项目质量宜针对性采取创优措施是（    ）。（2021 真题）

A. 制定高于国家标准的控制准则

B. 执行《建筑工程施工质量验收统一标准》

C. 按照相关专业验收规范组织检查验收

D. 强化管理人员和操作人员的质量意识

5. 下列影响施工质量的环境因素中，属于施工作业环境因素的是（    ）。（2021 真题）

A. 参建施工单位之间的协调程度

B. 项目部质量管理制度

C. 项目部地质情况

D. 各种能源介质的供应保障程度

6. 设计交底和图纸会审记录属于施工质量控制依据中的（    ）。（2021 真题）

A. 共同性依据

B. 专业技术依据

C. 项目专用性依据

D. 施工管理依据

7. 项目负责人向各班组进行施工方案交底，属于施工质量保证体系的（    ）环节。（2021 真题）

A. 计划

B. 检查

C. 实施

D. 处理

8. 工程质量验收中，需要进行观感质量检查并作出综合质量评价的验收对象是（    ）。（2021 真题）

A. 分部工程

B. 工序

C. 检验批

D. 分项工程

9. 建筑材料采购质量标准的一般原则有（    ）。（2021 真题）

A. 没有任何标准的按第三方标准执行

B. 按颁布的国家标准执行

C. 没有国家标准而有部标准的按部标准执行

D. 没有国家标准和部标准的按企业标准执行

E. 对于采购方有特殊要求的，按合同中约定技术条件、样品或补充的条件执行

10. 项目施工质量计划的内容包括（　　　）。（2021 真题）

A. 质量方针编制计划

B. 质量保证体系认证计划

C. 施工质量工作计划

D. 施工质量组织计划

E. 施工质量成本计划

### 三、思政拓展

某单位新建办公楼，建筑面积约 50000m²，通过招投标确定了由市第一建筑公司进行施工，并及时签订了施工合同。因为工期较为紧张，建设单位未按规定及时办理工程质量监督手续，但已经委托本市某监理单位承担监理任务。

建设单位与施工单位签订施工合同后，建筑公司又进行了劳务招标，最终确定本市某劳务公司为中标单位，并与其签订了劳务分包合同，在合同中明确了双方的权利和义务。该建筑公司为了承揽该项施工任务，采取了低报价策略。在施工中，为了降低成本，采购了一个小砖厂的砖。砖进场后也未向监理单位进行申报。

在施工过程中，屋面带挂板大挑檐悬挑部分根部突然断裂。经事故调查发现造成该质量事故的主要原因是施工队伍素质差，致使受力钢筋放置错误、构件厚度控制不严而导致事故发生。

1. 谈谈在以上叙述中各单位存在哪些不正确的行为？

2. 该建筑公司对砖的选择和进场的做法是否正确？如果不正确，施工单位应如何做？

3. 施工单位为了降低成本，对材料的选择应如何去做才能保证其质量？

4. 对该起质量事故该市监理公司是否应承担责任？原因是什么？

5. 通过该案例，说说质量控制对于工程项目管理的影响。

# 项目4 ▶ 工程项目职业健康安全管理

● 学习目标

1. 了解施工项目职业健康安全与环境管理的概念，体系产生的背景及具体内容。

2. 掌握职业健康安全管理的具体措施。

3. 熟悉项目职业健康安全隐患和安全事故的分类及事故处理的程序。

4. 熟悉施工项目文明施工和现场管理的要求及具体内容。

● 能力目标

1. 了解施工项目职业健康安全与环境管理概述。

2. 掌握施工项目职业健康安全管理措施。

3. 熟悉施工项目职业健康安全隐患和事故。

4. 熟悉施工项目文明施工。

5. 熟悉施工项目现场管理。

● 思政目标

1. 树立学生安全第一的思想理念。

2. 加强学生严谨的工作态度。

3. 强化学生的安全意识。

广厦万间，杜绝"事故房"——工程项目安全管理

## 任务 4.1 工程项目职业健康安全管理概述

### 4.1.1 职业健康安全管理体系标准

施工安全入场教育

2020 年 3 月 6 日，我国颁布了新的 GB/T 45001—2020《职业健康安全管理体系要求及使用指南》国家标准，代替了 2011 年版的 GB/T 28000《职业健康安全管理体系》系列标准，并于 2020 年 3 月 6 日正式实施。

GB/T 45001—2020《职业健康安全管理体系要求及使用指南》标准的制定是为了满足职业健康安全管理体系评价和认证的需要。为满足组织整合质量、环境和职业健康安全管理体系的需要，GB/T 45001—2020 标准考虑了与 GB/T 19001—2016《质量管理体系要求》、GB/T 24001—2016《环境管理体系要求及使用指南》标准的兼容性。

　　管理体系中的职业健康安全方针体现了企业实现风险控制的总体职业健康安全目标。危险源识别、风险评价和风险控制策划，是企业通过职业健康安全管理体系的运行，实行事故控制的开端。

## 4.1.2　工程项目职业健康安全管理的特点

### 1. 管理层面的广泛性

建设工程规模较大，生产工艺复杂、工序多，在建造过程中流动作业多变、遇到的不确定因素多，安全控制工作层面涉及范围广。

### 2. 管理工作的动态性

这是由建设工程项目的单件性和分散性所决定的。由于项目实施的职业健康安全风险复杂多变，所以职业健康安全管理随着施工进展必须持续动态地实施。

### 3. 管理系统的交叉性

建设工程项目是开放系统，受自然环境和社会环境影响很大，职业健康安全控制需要把工程系统和社会系统结合。

### 4. 管理的严谨性

职业健康安全状态具有触发性，其控制措施必须严谨，一旦失控就会造成严重损失和伤害。

### 5. 管理活动的敏捷性

职业健康安全风险因素众多，事故发生形态各异，必须及时发现风险苗头，防微杜渐，充分响应以保持管理活动的敏捷性。

## 4.1.3　工程项目职业健康安全管理的作用

（1）提升劳动者职业健康安全的水平。职业健康安全管理水平是经济发展和社会文明程度的反映。以"人文奥运"为理念的奥运工程的成功实践说明：使劳动者获得安全与健康既是国际社会公正、安全、文明、健康发展的基本标志，也是保持国家社会安定团结和企业可持续发展的重要条件。

（2）增强系统化管理的力度。按照系统安全的观点，项目职业健康安全管理是企业职业健康安全管理体系的运行过程，主要依赖于风险预防、持续改进，是一个动态的、自我调整和完善的管理系统。该系统不仅是项目内部风险管理的需要，而且是与国际管理惯例接轨、从根本上改善劳动关系和劳工状况的需要举措。

（3）提高项目的职业健康安全绩效。人的健康安全是工程项目实施的基本条件，职业健康安全管理是强化员工安全健康的基本手段。所以，应通过职业健康安全管理改善安全生产规章制度不健全、管理方法不当、安全生产状况不佳的现状。

（4）构建以人为本价值观的具体体现。以人为本是文明企业的基本特征，人性化的项目管理体现了一个文明企业价值观和管理层次的高低。实施有效的项目职业健康安全管理可以构建人性化的管理模式，也是落实科学发展观的具体体现。

（5）提升企业的品牌和形象。市场中的竞争已不再仅仅是资本和技术的竞争，企业品牌和综合素质的高低将是赢得市场的最重要条件。而项目职业健康安全则是反映企业品牌的重要指标，也是企业综合素质的重要标志。

（6）促进项目管理现代化。管理是项目运行的基础，全球经济一体化对现代项目管理提出了更高的要求，实施系统、开放、高效的项目职业健康安全管理可以促进项目大系统的完善和整体管理水平的提高。

（7）增强对国家经济发展的贡献能力。加大对安全生产的投入有利于扩大社会内部需求，增加社会需求总量，一方面做好安全生产工作可以减少社会总损失，另一方面保护劳动者的安全与健康也是国家经济可持续发展不可忽视的环节。

## 任务 4.2　工程项目职业健康安全事故的分类与处理

### 4.2.1　安全事故的分类

**1. 按照安全事故伤害程度分类**

根据 GB 6441—1986《企业职工伤亡事故分类》规定，安全事故按伤害程度分为以下几类：

（1）轻伤，指损失 1 个工作日至 105 个工作日的失能伤害。

（2）重伤，指损失工作日等于或超过 105 个工作日的失能伤害，重伤的损失工作日最多不超过 6000 工日。

（3）死亡，指损失工作日超过 6000 工日，这是根据我国职工的平均退休年龄和平均寿命计算出来的。

**2. 按照安全事故类别分类**

GB 6441—1986《企业职工伤亡事故分类》中，将事故类别划分为 20 类，即物体打击、车辆伤害、机械伤害、起重伤害、触电、淹溺、灼烫、火灾、高处坠落、胡塌、冒顶片帮、透水、放炮、瓦斯爆炸、火药爆炸、锅炉爆炸、容器爆炸、其他爆炸、中毒和窒息、其他伤害。

**3. 按照安全事故受伤性质分类**

受伤性质是指人体受伤的类型，实质上是从医学的角度给予创伤的具体名称，常见的有电伤、挫伤、割伤、擦伤、刺伤、撕脱伤、扭伤、倒塌压埋伤、冲击伤等。

**4. 按照生产安全事故造成的人员伤亡或直接经济损失分类**

根据 2015 年 5 月 1 日国务院发布的《生产安全事故罚款处罚规定（试行）》规定：按生产安全事故（以下简称事故）造成的人员伤亡或者直接经济损失，事故一般分为以下等级：

（1）特别重大事故，是指造成 30 人以上死亡，或者 100 人以上重伤（包括急性工业中毒，下同），或者 1 亿元以上直接经济损失的事故。

（2）重大事故，是指造成 10 人以上 30 人以下死亡，或者 50 人以上 100 人以下重伤，或者 5000 万元以上 1 亿元以下直接经济损失的事故。

（3）较大事故，是指造成 3 人以上 10 人以节死亡，或者 10 人以上 50 人以下重伤，或者 1000 万元以上 5000 万元以下直接经济损失的事故。

（4）一般事故，是指造成 3 人以下死亡，或者 10 人以下重伤，或者 1000 万元以下 100 万元以上直接经济损失的事故。本等级划分所称的"以上"包括本数，所称的"以下"不包括本数。

### 4.2.2 安全事故的处理

1. 生产安全事故报告和调查处理的原则

根据国家法律法规的要求，在进行生产安全事故报告和调查处理时，要坚持实事求是、尊重科学的原则。既要及时、准确地查明事故原因，明确事故责任，使责任人受到追究，又要总结经验教训，落实整改和防范措施，防止类似事故再次发生。因此，施工项目一旦发生安全事故，必须实施"四不放过"的原则：

（1）事故原因没有查清不放过。

（2）责任人员没有受到处理不放过。

（3）整改措施没有落实不放过。

（4）有关人员没有受到教育不放过。

2. 事故报告的要求

根据《生产安全事故罚款处罚规定（试行）》等相关规定的要求，事故报告应当及时、准确、完整，任何单位和个人对事故不得迟报、漏报、谎报或者瞒报。

（1）施工单位事故报告要求。生产安全事故发生后，受伤者或最先发现事故的人员应立即用最快的传递手段，将发生事故的时间、地点、伤亡人数、事故原因等情况，向施工单位负责人报告。施工单位负责人接到报告后，应当在 1 小时内向事故发生地县级以上人民政府建设主管部门和有关部门报告。实行施工总承包的建设工程，由总承包单位负责上报事故。情况紧急时，事故现场有关人员可以直接向事故发生地县级以上人民政府建设主管部门和有关部门报告（图 4.1）。

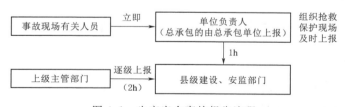

图 4.1 生产安全事故报告流程

（2）建设主管部门事故报告要求。

1）建设主管部门接到事故报告后，应当依照下列规定上报事故情况，并通知安全生产监督管理部门、公安机关、劳动保障行政主管部门、工会和人民检察院。

a. 较大事故、重大事故及特别重大事故逐级上报至国务院建设主管部门。

b. 一般事故逐级上报至省、自治区、直辖市人民政府建设主管部门。

c. 建设主管部门依照规定上报事故情况时，应当同时报告本级人民政府。国务院建设主管部门接到重大事故和特别重大事故的报告后，应当立即报告国务院。

d. 必要时，建设主管部门可以越级上报事故情况。

2）建设主管部门按照上述规定逐级上报事故情况时，每级上报的时间不得超过 2 小时。

（3）事故报告的内容。

1）事故发生的时间、地点和工程项目、有关单位名称。

2）事故的简要经过。

3）事故已经造成或者可能造成的伤亡人数（包括下落不明的人数）和初步估计的直接经济损失。

4）事故的初步原因。

5）事故发生后采取的措施及事故控制情况。

6）事故报告单位或报告人员。

7）其他应当报告的情况。

事故报告后出现新情况，以及事故发生之日起 30 日内伤亡人数发生变化的，应当及时补报。

**3. 事故调查**

根据《生产安全事故罚款处罚规定（试行）》等相关规定的要求，事故调查处理应当坚持实事求是、尊重科学的原则，及时准确地查清事故经过、事故原因和事故损失，查明事故性质，认定事故责任，总结事故教训，提出整改措施，并对事故责任者依法追究责任。事故调查报告的内容应包括：

（1）事故发生单位概况。

（2）事故发生经过和事故救援情况。

（3）事故造成的人员伤亡和直接经济损失。

（4）事故发生的原因和事故性质。

（5）事故责任的认定和对事故责任者的处理建议。

（6）事故防范和整改措施。

事故调查报告应当附具有关证据材料，事故调查组成人员应当在事故调查报告上签名。

**4. 事故处理**

（1）施工单位的事故处理。

1）事故现场处理。事故处理是落实"四不放过"原则的核心环节。当事故发生后，事故发生单位应当严格保护事故现场，做好标识，排除险情，采取有效措施抢救伤员和财产，防止事故蔓延扩大。

事故现场是追溯判断发生事故原因和事故责任人责任的客观物质基础。因抢救人员、疏导交通等原则，需要移动现场物件时，应当做出标志，绘制现场简图并做出书面记录，妥善保存现场重要痕迹、物证，有条件的可以拍照或录像。

2）事故登记。施工现场要建立安全事故登记表，作为安全事故档案，对发生事故人员的姓名、性别、年龄、工种等级，负伤时间、伤害程度、负伤部门及情况、简要经过及原因记录归档。

3）事故分析记录。施工现场要有安全事故分析记录，对发生轻伤、重伤、死亡、重大设备事故及未遂事故必须按"四不放过"的原则组织分析，查出主要原因，分清责任，提出防范措施，应吸取的教训要记录清楚。

4）要坚持安全事故月报制度，若当月无事故也要报空表。

（2）建设主管部门的事故处理。

1）建设主管部门应当依据有关人民政府对事故的批复和有关法律法规的规定，对事故相关责任者实施行政处罚。处罚权限不属本级建设主管部门的，应当在收到事故调查报告批复后 15 个工作日内，将事故调查报告（附具有关证据材料）、结案批复、本级建设主管部门对有关责任者的处理建议等转送有权限的建设主管部门。

2）建设主管部门应当依照有关法律法规的规定，对因降低安全生产条件导致事故发生的施工单位给予暂扣或吊销安全生产许可证的处罚。对事故负有责任的相关单位给予罚款、停业整顿、降低资质等级或吊销资质证书的处罚。

3）建设主管部门应当依照有关法律法规的规定，对事故发生负有责任的注册执业资格人员给予罚款、停止执业或吊销其注册执业资格证书的处罚。

5. 法律责任

（1）事故报告和调查处理的违法行为。根据《生产安全事故罚款处罚规定（试行）》规定，对事故报告和调查处理中的违法行为，任何单位和个人有权向安全生产监督管理部门、监察机关或者其他有关部门举报，接到举报的部门应当依法及时处理。

事故报告和调查处理中的违法行为，包括事故发生单位及其有关人员的违法行为，还包括政府、有关部门及有关人员的违法行为，其种类主要有以下几种：

1）不立即组织事故抢救。

2）在事故调查处理期间擅离职守。

3）迟报或者漏报事故。

4）谎报或者瞒报事故。

5）伪造或者故意破坏事故现场。

6）转移、隐匿资金、财产，或者销毁有关证据、资料。

7）拒绝接受调查或者拒绝提供有关情况和资料。

8）在事故调查中作伪证或者指使他人作伪证。

9）事故发生后逃匿。

10）阻碍、干涉事故调查工作。

11）对事故调查工作不负责任，致使事故调查工作有重大疏漏。

12）包庇、袒护负有事故责任的人员或者借机打击报复。

13）故意拖延或者拒绝落实经批复的对事故责任人的处理意见。

（2）法律责任。

1）事故发生单位主要负责人有上述（1）～（3）条违法行为之一的，处上一年年收入 40%～80% 的罚款。属于国家工作人员的，依法给予处分。构成犯罪的，依法追究刑事责任。

2）事故发生单位及其有关人员有上述（4）～（9）条违法行为之一的，对事故发生单位处 100 万元以上 500 万元以下的罚款。对主要负责人、直接负责的主管人员和其他直接责任人员处上一年年收入 60%～100% 的罚款。属于国家工作人员的，依法给予处分。构成违反治安管理行为的，由公安机关依法给予治安管理处罚。构成犯罪的，依法追究刑事责任。

3）有关地方人民政府、安全生产监督管理部门和负有安全生产监督管理职责的有关部门有上述（1）（3）（4）（8）（10）条违法行为之一的，对直接负责的主管人员和其他直接责任人员依法给予处分。构成犯罪的，依法追究刑事责任。

4）参与事故调查的人员在事故调查中有上述（11）（12）条违法行为之一的，依法给予处分。构成犯罪的，依法追究刑事责任。

5）有关地方人民政府或者有关部门故意拖延或者拒绝落实经批复的对事故责任人的处理意见的，由监察机关对有关责任人员依法给予处分。

施工项目
安全管理

# 任务 4.3　工程项目安全管理体系

## 4.3.1　职业健康安全管理体系标准

职业健康安全管理体系是建立职业健康安全方针和目标并实现这些方针目标的相互关系或相互作用的一组要素，是企业管理体系的一部分。工程项目职业健康安全管理是企业系统化职业健康安全管理的基础，是企业职业健康安全管理体系在项目的实施运行。

随着世界经济的发展，职业健康安全问题越来越受到国际社会的普遍关注，世界各国的相关政策陆续出台。越来越多的组织希望通过系统化、标准化方式推进其管理活动。以满足其职业健康安全法律和方针的要求。20 世纪 80 年代以来，国际标准化组织颁布了质量管理体系标准（ISO 9000 系列）以及环境管理体系标准（ISO 14001），职业健康安全管理体系标准（OHSMS18001）的最终颁布也已进入日程。职业健康安全管理体系标准是以项目职业健康安全管理为核心的企业管理体系标准，是系统化安全管理的全面体现，内容包括：危险源识别风险评价、目标、管理职责、运行控制、应急准备与响应、绩效测量和持续改进等。目前国际上将质量管理、环境管理和职业健康安全管理综合纳入企业管理已成为趋势和潮流，也为企业全面提高管理水平，加强综合实力提供了管理手段和工具。职业健康安全管理体系规范 OHSMS 标准秉承了质量管理体系标准 ISO 9000 和环境管理体系 ISO 14001 标准成功的思维及管理（PDCA）模式，其标准条款及相应要求也具备许多共同的特点。

## 4.3.2　职业健康安全管理体系的意义

职业健康安全管理体系认证是由第三方认证机构根据职业健康安全管理体系规范 OHSMS18001 标准 GB/T 28001—2001《职业健康安全管理体系　规范》要求实施的合格评价，通过合格评价的企业将获得认证机构授予的认证证书。职业健康安全管理体系认证工作对于工程项目职业健康安全管理的影响十分明显。在经济全球化的时代。实施包向职业健康安全管理体系在内的体系认证并保持其有效性已经成为不仅是必要的，而且是紧迫的任务了，具体任务如下：

（1）可以全面规范和改进企业职业健康安全管理，保障企业员工的职业健康与生命安全，保证企业的财产安全，提高工作效率。

（2）改善与政府、员工、社会的公共关系，提供企业声誉。

（3）可以降低企业风险，预防事故发生。

（4）克服产品及服务在国内外贸易活动中的非关税贸易壁垒，有利于进入国际市场。

（5）提高金融信贷信用等级，降低保险成本。

（6）提高企业的综合竞争力。

### 4.3.3　职业健康安全管理体系和环境管理体系（HSE）认证

国际上比较流行的管理体系认证是职业健康安全和环境管理体系一体化（HSE）模式。职业健康安全管理体系和环境管理体系无论关注对象、管理方式和管理理念等均有着密切的联系：一方面危险源往往也是环境因素，另一方面管理控制的措施往往适合于同时实施，特别是它们的管理理念都建立在风险预防的基础上。因此，两个体系的管理融合、一体化实施运行并取得认证，不仅将有效提高工作效率，降低运行成本，而且可以减少体系接口之间的风险，提升工程项目职业健康安全和环境管理的成效。

### 4.3.4　职业健康安全管理体系和环境管理体系的运行

#### 1. 管理体系的运行

体系运行是指按照已建立体系的要求实施，其实施的重点是围绕培训意识和能力，信息交流，文件管理，执行控制程序，监测，不符合、纠正和预防措施，记录等活动推进体系的运行工作。上述运行活动简述如下：

（1）培训意识和能力。由主管培训的部门根据体系、体系文件（培训意识和能力程序文件）的要求，制定详细的培训计划，明确培训的职能部门、时间、内容、方法和考核要求。

（2）信息交流。信息交流是确保各要素构成一个完整的、动态的、持续改进的体系和基础，应关注信息交流的内容和方式。

（3）文件管理。包括对现有有效文件进行整理编号，方便查询索引。对适用的规范、规程等行业标准应及时购买补充，对适用的表格要及时发放。对在内容上有抵触的文件和过期的文件要及时作废并妥善处理。

（4）执行控制程序。体系的运行离不开程序文件的指导，程序文件及其相关的作业文件在施工企业内部都具有法定效力，必须严格执行，才能保证体系正确运行。

（5）监测。为保证体系正确有效地运行，必须严格监测体系的运行情况。监测中应明确监视的对象和监测的方法。

（6）不符合、纠正和预防措施。体系在运行过程中，不符合的出现是不可避免的，包括事故也难免要发生，关键是相应的纠正与预防措施是否及时有效。

（7）记录。在体系运行过程中及时按文件要求进行记录，如实反映体系运行情况。

# 任务 4.4    工程项目安全管理措施

由于建设工程规模大、周期长、参与单位多、技术复杂以及环境复杂多变等因素，导致建设工程安全生产的管理难度很大。2016 年 2 月颁布的《中共中央国务院关于进一步加强城市规划建设管理工作的若干意见》和 2017 年 2 月颁布的《国务院办公厅关于促进建筑业持续健康发展的意见》（国办发〔2017〕19 号）文件中强调，建设工程应完善工程质量安全管理制度，落实工程质量安全主体责任，强化工程质量安全监管，提高工程项目质量安全管理水平。因此，依据现行的法律法规，应通过建立各项安全生产管理制度体系规范建设工程参与各方的安全生产行为，在项目中进行风险评估或论证，并进行信息技术与安全生产深度融合，从而提高建设工程安全生产管理水平，防止和避免安全事故的发生。

## 4.4.1    施工安全管理制度体系建立的重要性

（1）依法建立施工安全管理制度体系，能使劳动者获得安全与健康，是体现社会经济发展和社会公正、安全、文明的基本标志。

（2）建立施工安全管理制度体系，可以改善企业安全生产规章制度不健全、管理方法不适当、安全生产状况不佳的现状。

（3）施工安全管理制度体系对企业环境的安全卫生状态作了具体的要求和限定，从根本上促使施工企业健全安全卫生管理机制，改善劳动者的安全卫生条件，提升管理水平，增强企业参与国内外市场的竞争能力。

（4）推行施工安全管理制度体系建设，是适应国内外市场经济一体化趋势的需要。

## 4.4.2    施工安全生产管理制度体系建立的原则

（1）应贯彻"安全第一，预防为主"的方针，施工企业必须建立健全安全生产责任制和群防群治制度，确保工程施工劳动者的人身和财产安全。

（2）施工安全生产管理体系的建立，必须适用于工程施工全过程的安全管理和控制。

（3）施工安全生产管理体系必须符合《中华人民共和国建筑法》《中华人民共和国安全生产法》《建设工程安全生产管理条例》《安全生产许可证条例》《生产安全事故罚款处罚规定（试行）》《特种设备安全监察条例》《职业安全健康管理体系》《职业安全卫生管理体系标准》和国际劳工组织（ILO）167 号公约等法律、行政法规及规程的要求。

（4）项目经理部应根据本企业的安全生产管理制度体系，结合各项目的实际情况加以充实，确保工程项目的施工安全。

（5）企业应加强对施工项目安全生产管理，指导、帮助项目经理部建立和实施安全生产管理制度体系。

## 4.4.3    施工安全生产管理制度体系的主要内容

现阶段涉及施工企业的主要安全生产管理制度包括以下几种。

1. 安全生产责任制度

安全生产责任制是最基本的安全管理制度，是所有安全生产管理制度的核心。安全生产责任制是按照安全生产管理方针和"管生产的同时必须管安全"的原则，将各级负责人员、各职能部门及其工作人员和各岗位生产主人在安全生产方面应做的事情及应负的责任加以明确规定的一种制度。安全生产责任制度的主要内容如下：

（1）企业和项目相关人员的安全职责。包括企业法定代表人和主要负责人，企业安全管理机构负责人和安全生产管理人员，施工项目负责人、技术负责人、项目专职安全生产管理人员以及班组长、施工员、安全员等项目各类人员的安全责任。

（2）对各级、各部门安全生产责任制的执行情况制定检查和考核办法，并按规定期限进行考核，对考核结果及兑现情况应有记录。

（3）明确总、分包的安全生产责任。实行总承包的由总承包单位负责，分包单位向总包单位负责，服从总包单位对施工现场的安全管理，分包单位在其分包范围内建立施工现场安全生产管理制度，并组织实施。

（4）项目的主要工种应有相应的安全技术操作规程，一般应包括砌筑、拌灰、混凝土、木作、钢筋、机械、电气焊、起重、信号指挥、塔式起重机司机、架子、水暖、油漆等工种，特殊作业应另行补充。应将安全技术操作规程列为日常安全活动和安全教育的主要内容，并应悬挂在操作岗位前。

（5）施工现场应按工程项目大小配备专（兼）职安全人员。以建筑工程为例，可按建筑面积 1 万 m² 以下的工地至少有一名专职人员；1 万 m² 以上的工地设 2～3 名专职人员；5 万 m² 以上的大型工地，按不同专业组成安全管理组进行安全监督检查。

总之，安全生产责任制纵向方面是各级人员的安全生产责任制，即从最高管理者、管理者代表到项目负责人（项目经理）、技术负责人（工程师）、专职安全生产管理人员、施工员、班组长和岗位人员等各级人员的安全生产责任制。横向方面是各个部门的安全生产责任制，即各职能部门（如安全环保、设备、技术、生产、财务等部门）的安全生产责任制。只有这样，才能建立健全安全生产责任制，做到群防群治。

2. 安全生产许可证制度

国务院自 2004 年 1 月 13 日起公布实施《安全生产许可证条例》，并于 2014 年进行了修正。该条例规定国家对建筑施工企业实施安全生产许可证制度。其目的是严格规范安全生产条件，进一步加强安全生产监督管理，防止和减少生产安全事故。

建筑施工企业安全生产许可证管理规定

国务院建设主管部门负责中央管理的建筑施工企业安全生产许可证的颁发和管理。其他企业由省、自治区、直辖市人民政府建设主管部门进行颁发和管理，并接受国务院建设主管部门的指导和监督。

施工企业进行生产前，应当依照《安全生产许可证条例》的规定向安全生产许可证颁发管理机关申请领取安全生产许可证。严禁未取得安全生产许可证的建筑施工企业从事建筑施工活动。

安全生产许可证的有效期为 3 年。安全生产许可证有效期满需要延期的，企业应当于期满前 3 个月向原安全生产许可证颁发管理机关办理延期手续。

企业在安全生产许可证有效期内，严格遵守有关安全生产的法律法规，未发生死亡事故的，安全生产许可证有效期届满时，经原安全生产许可证的颁发管理机关同意，不再审查，安全生产许可证有效期延期 3 年。

企业不得转让、冒用安全生产许可证或者使用伪造的安全生产许可证。

3. 政府安全生产监督检查制度

政府安全生产监督检查制度是指国家法律、法规授权的行政部门，代表政府对企业的安全生产过程实施监督管理。依据《建设工程安全生产管理条例》对建设工程安全生产监督管理制度的规定内容如下：

（1）国务院负责安全生产监督管理的部门依照《中华人民共和国安全生产法》的规定，对全国建设工程安全生产工作实施综合监督管理。

（2）县级以上地方人民政府负责安全生产监督管理的部门依照《中华人民共和国安全生产法》的规定，对本行政区域内建设工程安全生产工作实施综合监督管理。

（3）国务院建设行政主管部门对全国的建设工程安全生产实施监督管理。国务院铁路、交通、水利等有关部门按照国务院规定的职责分工，负责有关专业建设工程安全生产的监督管理。

（4）县级以上地方人民政府建设行政主管部门对本行政区域内的建设工程安全生产实施监督管理。县级以上地方人民政府交通、水利等有关部门在各自的职责范围内，负责本行政区域内的专业建设工程安全生产的监督管理。

（5）县级以上人民政府负有建设工程安全生产监督管理职责的部门在各自的职责范围内履行安全监督检查职责时，有权纠正施工中违反安全生产要求的行为，责令立即排除检查中发现的安全事故隐患，对重大隐患可以责令暂时停止施工。建设行政主管部门或者其他有关部门可以将施工现场安全监督检查委托给建设工程安全监督机构具体实施。

4. 安全生产教育培训制度

施工企业安全生产教育培训一般包括对管理人员、特种作业人员和企业员工的安全教育。

（1）管理人员的安全教育。

1）企业领导的安全教育。主要内容包括国家有关安全生产的方针、政策、法律、法规及有关规章制度；安全生产管理职责、企业安全生产管理知识及安全文化；有关事故案例及事故应急处理措施等。

2）项目经理、技术负责人和技术干部的安全教育。主要内容包括安全生产方针、政策和法律、法规；项目经理部安全生产责任；典型事故案例剖析；本系统安全及其相应的安全技术知识等。

3）行政管理干部的安全教育。主要内容包括安全生产方针、政策和法律、法规；基本的安全技术知识，本职的安全生产责任等。

4）企业安全管理人员的安全教育。主要内容包括国家有关安全生产的方针、政策、法律、法规和安全生产标准；企业安全生产管理、安全技术、职业病知识、安全文件；员工伤亡事故和职业病统计报告及调查处理程序；有关事故案例及事故应急处理措施等。

5）班组长和安全员的安全教育。主要内容包括安全生产法律、法规、安全技术及技能、职业病和安全文化的知识；本企业、本班组和工作岗位的危险因素、安全注意事项；本岗位安全生产职责；事故抢救与应急处理措施；典型事故案例等。

（2）特种作业人员的安全教育。特种作业是指容易发生事故，对操作者本人、他人的安全健康及设备、设施的安全可能造成重大危害的作业。直接从事特种作业的人，称为特种作业人员。《特种作业人员安全技术培训考核管理规定》已经 2010 年 4 月 26 日国家安全生产监督管理总局局长办公会议审议通过，自 2010 年 7 月 1 日起施行，2015 年 5 月 29日国家安全监管总局令第 80 号第二次修正。调整后的特种作业范围共 11 个作业类别、51个工种。这些特种作业具备以下特点：一是独立性。必须有独立的岗位，由专人操作的作业，操作人员必须具备一定的安全生产知识和技能。二是危险性。必须是危险性较大的作业，如果操作不当，容易对操作者本人、他人或物造成伤害，甚至发生重大伤亡事故。三是特殊性。从事特种作业的人员不能很多，总体上讲，每个类别的特种作业人员一般不超过该行业或领域全体从业人员的 30%。

特种作业人员应具备的条件：①年满 18 周岁，且不超过国家法定退休年龄；②经社区或者县级以上医疗机构体检健康合格，并无妨碍从事相应特种作业的器质性心脏病、癫痫病、美尼尔氏症、眩晕症、癔症、震颤麻痹症、精神病、痴呆症以及其他疾病和生理缺陷；③具有初中及以上文化程度；④具备必要的安全技术知识与技能；⑤相应特种作业规定的其他条件。危险化学品特种作业人员除符合第①项、第②项、第④项和第⑤项规定的条件外，应当具备高中或者相当于高中及以上文化程度。

由于特种作业较一般作业的危险性更大，所以，特种作业人员必须经过安全培训和严格考核。对特种作业人员的安全教育应注意以下三点：

1）特种作业人员上岗作业前，必须进行专门的安全技术和操作技能的培训教育，这种培训教育要实行理论教学与操作技术训练相结合的原则，重点放在提高其安全操作技术和预防事故的实际能力上。

2）培训后，经考核合格方可取得操作证，并准许独立作业。

3）取得操作证的特种作业人员，必须定期进行复审。特种作业操作证每 3 年复审1 次。

特种作业人员在特种作业操作证有效期内，连续从事本工种 10 年以上，严格遵守有关安全生产法律法规的，经原考核发证机关或者从业所在地考核发证机关同意，特种作业操作证的复审时间可以延长至每 6 年 1 次。

（3）企业员工的安全教育。企业员工的安全教育主要有新员工上岗前的三级安全教育、改变工艺和变换岗位时的安全教育、经常性安全教育三种形式。

1）新员工上岗前的三级安全教育，通常是指进厂、进车间、进班组三级，对建设工程来说，具体指企业（公司）、项目（或工区、工程处、施工队）、班组三级。

企业新员工上岗前必须进行三级安全教育，企业新员工须按规定通过三级安全教育和实际操作训练，并经考核合格后方可上岗。企业新上岗的从业人员，岗前培训时间不得少于 24 学时。具体内容如下：

a. 企业（公司）级安全教育由企业主管领导负责，企业职业健康安全管理部门会同有关部门组织实施，内容应包括安全生产法律、法规，通用安全技术、职业卫生和安全文化的基本知识，本企业安全生产规章制度及状况、劳动纪律和有关事故案例等内容。

b. 项目（或工区、工程处、施工队）级安全教育由项目级负责人组织实施，专职或兼职安全员协助，内容包括工程项目的概况、安全生产状况和规章制度、主要危险因素及安全事项、预防工伤事故和职业病的主要措施、典型事故案例及事故应急处理措施等。

c. 班组级安全教育由班组长组织实施，内容包括遵章守纪、岗位安全操作规程、岗位间工作衔接配合的安全生产事项、典型事故及发生事故后应采取的紧急措施、劳动防护用品（用具）的性能及正确使用方法等内容。

2）改变工艺和变换岗位时的安全教育。

a. 企业（或工程项目）在实施新工艺、新技术或使用新设备、新材料时，必须对有关人员进行相应级别的安全教育，要按新的安全操作规程教育和培训参加操作的岗位员工和有关人员，使其了解新工艺、新设备、新产品的安全性能及安全技术，以适应新的岗位作业的安全要求。

b. 当组织内部员工发生从一个岗位调到另外一个岗位，或从某工种改变为另一工种，或因放长假离岗一年以上重新上岗的情况，企业必须进行相应的安全技术培训和教育，以使其掌握现岗位安全生产特点和要求。

3）经常性安全教育。无论何种教育都不可能是一劳永逸的，安全教育同样如此，必须坚持不懈、经常不断地进行，这就是经常性安全教育。在经常性安全教育中，安全思想、安全态度教育最重要。进行安全思想、安全态度教育，要通过采取多种多样形式的安全教育活动，激发员工搞好安全生产的热情，促使员工重视和真正实现安全生产。经常性安全教育的形式有：每天的班前班后会上说明安全注意事项，安全活动日，安全生产会议，事故现场会，张贴安全生产招贴画、宣传标语及标志等。

**5. 安全措施计划制度**

安全措施计划制度是指企业进行生产活动时，必须编制安全措施计划，它是企业有计划地改善劳动条件和安全卫生设施，防止工伤事故和职业病的重要措施之一，对企业加强劳动保护、改善劳动条件、保障职工的安全和健康、促进企业生产经营的发展都起着积极作用。安全技术措施计划的范围应包括改善劳动条件、防止事故发生、预防职业病和职业中毒等内容，具体如下：

（1）安全技术措施，是预防企业员工在工作过程中发生工伤事故的各项措施，包括防护装置、保险装置、信号装置和防爆炸装置等。

（2）职业卫生措施，是预防职业病和改善职业卫生环境的必要措施，其中包括防尘、防毒、防噪声、通风、照明、取硬、降温等措施。

（3）辅助用房间及设施，是为了保证生产过程安全卫生所必需的房间及一切设施，包括更衣室、休息室、淋浴室、消毒室、妇女卫生室、厕所和冬季作业取暖室等。

（4）安全宣传教育措施，是为了宣传普及有关安全生产法律、法规、基本知识所需要的措施，其主要内容包括安全生产教材、图书、资料，安全生产展览，安全生产规章制度，安全操作方法训练设施，劳动保护和安全技术的研究与实验等。

安全技术措施计划编制可以按照"工作活动分类→危险源识别→风险确定→风险评价→制定安全技术措施计划评价→安全技术措施计划的充分性"的步骤进行。

6. 特种作业人员持证上岗制度

根据《建设工程安全生产管理条例》第二十五条规定"垂直运输机械作业人员、安装拆卸工、爆破作业人员、起重信号工、登高架设作业人员等特种作业人员，必须按照国家有关规定经过专门的安全作业培训，并取得特种作业操作证后，方可上岗作业"。

根据 2015 年 5 月 29 日国家安全监管总局令第 80 号第二次修正的《特种作业人员安全技术培训考核管理规定》，特种作业操作资格证书在全国范围内有效。特种作业操作证，每 3 年复审一次。连续从事本工种 10 年以上的，严格遵守有关安全生产法律法规的，经原考核发证机关或者从业所在地考核发证机关同意，特种作业操作证的复审时间可以延长至每 6 年 1 次；离开特种作业岗位达 6 个月以上的特种作业人员，应当重新进行实际操作考核，经确认合格后方可上岗作业。

对于未经培训考核，即从事特种作业的，《建设工程安全生产管理条例》第六十二条规定了行政处罚。造成重大安全事故，构成犯罪的，对直接责任人员，依照刑法有关规定追究刑事责任。

7. 专项施工方案专家论证制度

《建设工程安全生产管理条例》第二十六条规定："施工单位应当在施工组织设计中编制安全技术措施和施工现场临时用电方案，对下列达到一定规模的危险性较大的分部分项工程编制专项施工方案，并附具安全验算结果，经施工单位技术负责人、总监理工程师签字后实施，由专职安全生产管理人员进行现场监督：基坑支护与降水工程；土方开挖工程；模板工程；起重吊装工程；脚手架工程；拆除、爆破工程；国务院建设行政主管部门或者其他有关部门规定的其他危险性较大的工程。

对前款所列工程中涉及深基坑、地下暗挖工程、高大模板工程的专项施工方案，施工单位还应当组织专家进行论证、审查。"

8. 严重危及施工安全的工艺、设备、材料淘汰制度

严重危及施工安全的工艺、设备、材料是指不符合生产安全要求，极有可能导致生产安全事故发生，致使人民生命和财产遭受重大损失的工艺、设备和材料。

《建设工程安全生产管理条例》第四十五条规定"国家对严重危及施工安全的工艺、设备、材料实行淘汰制度。具体目录由国务院建设行政主管部门会同国务院其他有关部门制定并公布"。淘汰制度的实施，一方面有利于保障安全生产；另一方面也体现了优胜劣汰的市场经济规律，有利于提高施工单位的工艺水平，促进设备更新。对于已经公布的严重危及施工安全的工艺、设备和材料，建设单位和施工单位都应当严格遵守和执行，不得继续使用此类工艺和设备，也不得转让他人使用。

9. 施工起重机械使用登记制度

《建设工程安全生产管理条例》第三十五条规定"施工单位应当自施工起重机械和整体提升脚手架、模板等自升式架设设施验收合格之日起三十日内，向建设行政主管部门或者其他有关部门登记。登记标志应当置于或者附着于该设备的显著位置"。这是对施工起重机械的使用进行监督和管理的一项重要制度，能够有效防止不合格机械和设施投入使用。同时，还有利于监管部门及时掌握施工起重机械和整体提升脚手架、模板等自升式架设设施的使用情况，以利于监督管理。进行登记应当提交施工起重机械有关资料，具体

如下：

（1）生产方面的资料，如设计文件、制造质量证明书、监督检验证书、使用说明书、安装证明等。

（2）使用的有关情况资料，如施工单位对于这些机械和设施的管理制度和措施、使用情况、作业人员的情况等。

监管部门应当对登记的施工起重机械建立相关档案，及时更新，加强监管，减少生产安全事故的发生。施工单位应当将标志置于显著位置，便于使用者监督，保证施工起重机械的安全使用。

10. 安全检查制度

（1）安全检查的目的。安全检查制度是清除隐患、防止事故、改善劳动条件的重要手段，是企业安全生产管理工作的一项重要内容。通过安全检查可以发现企业及生产过程中的危险因素，以便有计划地采取措施，保证安全生产。

（2）安全检查的方式。检查方式有企业组织的定期安全检查，各级管理人员的日常巡回安全检查，专业性安全检查，季节性安全检查，节假日前后的安全检查，班组自检、互检、交接检查，不定期安全检查等。

（3）安全检查的内容。包括查思想、查管理、查隐患、查整改、查伤亡事故处理等。安全检查的重点是检查"三违"和安全责任制的落实。检查后应编写安全检查报告，报告应包括已达标项目，未达标项目，存在问题，原因分析，纠正和预防措施等内容。

（4）安全隐患的处理程序。对查出的安全隐患，不能立即整改的，要制定整改计划，定人、定措施、定经费、定完成日期。在未消除安全隐患前，必须采取可靠的防范措施，如有危及人身安全的紧急险情，应立即停工。并应按照"登记→整改→复查→销案"的程序处理安全隐患。

11. 生产安全事故报告和调查处理制度

关于生产安全事故报告和调查处理制度，《中华人民共和国安全生产法》《中华人民共和国建筑法》《建设工程安全生产管理条例》《生产安全事故罚款处罚规定（试行）》《特种设备安全监察条例》等法律法规都对此作出相应规定。

《中华人民共和国安全生产法》第八十条规定："生产经营单位发生生产安全事故后，事故现场有关人员应当立即报告本单位负责人。单位负责人接到事故报告后，应当迅速采取有效措施，组织抢救，防止事故扩大，减少人员伤亡和财产损失，并按照国家有关规定立即如实报告当地负有安全生产监督管理职责的部门，不得隐瞒不报、谎报或者拖延不报，不得故意破坏事故现场、毁灭有关证据。"

《中华人民共和国建筑法》第五十一条规定："施工中发生事故时，建筑施工企业应当采取紧急措施减少人员伤亡和事故损失，并按照国家有关规定及时向有关部门报告。"

《建设工程安全生产管理条例》第五十条规定："施工单位发生生产安全事故，应当按照国家有关伤亡事故报告和调查处理的规定，及时、如实地向负责安全生产监督管理的部门、建设行政主管部门或者其他有关部门报告。特种设备发生事故的，还应当同时向特种设备安全监督管理部门报告。接到报告的部门应当按照国家有关规定，如实上报。"本条是关于发生伤亡事故时的报告义务的规定。一旦发生安全事故，及时报告有关部门是及时组织抢救的基础，也是认真进行调查分清责任的基础。因此，施工单位在发生安全事故时，不能隐瞒事故情况。

《特种设备安全监察条例》第六十六条规定："特种设备发生事故，事故发生单位应当迅速采取有效措施，组织抢救，防止事故扩大，减少人员伤亡和财产损失，并按照国家有关规定，及时、如实地向负有安全生产监督管理职责的部门和特种设备安全监督管理部门等有关部门报告。不得隐瞒不报、谎报或者拖延不报。"条例规定在特种设备发生事故时，应当同时向特种设备安全监督管理部门报告。这是因为特种设备的事故救援和调查处理专业性、技术性更强，因此，由特种设备安全监督部门组织有关救援和调查处理更方便一些。

2007 年 6 月 1 日起实施的《生产安全事故罚款处罚规定（试行）》对生产安全事故报告和调查处理制度作了更加明确的规定。

12. "三同时"制度

"三同时"制度是指凡是我国境内新建、改建、扩建的基本建设项目（工程），技术改建项目（工程）和引进的建设项目，其安全生产设施必须符合国家规定的标准，必须与主体工程同时设计、同时施工、同时投入生产和使用。安全生产设施主要是指安全技术方面的设施、职业卫生方面的设施、生产辅助性设施。

《中华人民共和国劳动法》第五十三条规定："新建、改建、扩建工程的劳动安全卫生设施必须与主体工程同时设计、同时施工、同时投入生产和使用。"

《中华人民共和国安全生产法》第二十八条规定："生产经营单位新建、改建、扩建工程项目的安全设施，必须与主体工程同时设计、同时施工、同时投入生产和使用。安全设施投资应当纳入建设项目概算。"

新建、改建、扩建工程的初步设计要经过行业主管部门、安全生产管理部门、卫生部门和工会的审查，同意后方可进行施工。工程项目完成后，必须经过主管部门、安全生产管理行政部门、卫生部门和工会的竣工检验。建设工程项目投产后，不得将安全设施闲置不用，生产设施必须和安全设施同时使用。

13. 安全预评价制度

安全预评价是根据建设项目可行性研究报告内容，分析和预测该建设项目可能存在的危险、有害因素的种类和程度，提出合理可行的安全对策措施及建议。

开展安全预评价工作，是贯彻落实"安全第一、预防为主"方针的重要手段，是企业实施科学化、规范化安全管理的工作基础。科学、系统地开展安全评价工作，不仅直接起到了消除危险有害因素、减少事故发生的作用，有利于全面提高企业的安全管理水平，而且有利于系统地、有针对性地加强对不安全状况的治理、改造，最大限度地降低安全生产风险。

14. 工伤和意外伤害保险制度

根据 2010 年 12 月 20 日修订后重新公布的《工伤保险条例》规定，工伤保险是属于法定的强制性保险。工伤保险费的征缴按照《社会保险费征缴暂行条例》关于基本养老保险费、基本医疗保险费、失业保险费的征缴规定执行。而自 2019 年 4 月 23 日起实施的新《中华人民共和国建筑法》第四十八条规定"建筑施工企业应当依法为职工参加工伤保险缴纳工伤保险费。鼓励企业为从事危险作业的职工办理意外伤害保险，支付保险费。"修正后的《中华人民共和国建筑法》与修订后的《中华人民共和国社会保险法》和《工伤保险条例》等法律法规的规定保持一致，明确了建筑施工企业作为用人单位，为职工参加工伤保险并交纳工伤保险费是其应尽的法定义务，但为从事危险作业的职工投保意外伤害险并非强制性规定，是否投保意外伤害险由建筑施工企业自主决定。

### 4.4.4　危险源的识别与风险控制

#### 1. 危险源的分类

危险源是安全管理的主要对象，在实际生活和生产过程中的危险源是以多种多样的形式存在的。虽然危险源的表现形式不同，但从本质上说，能够造成危害后果的（如伤亡事故、人身健康受损害、物体受破坏和环境污染等），均可归结为能量的意外释放或约束、限制能量和危险物质措施失控的结果。根据危险源在事故发生发展中的作用，把危险源分为第一类危险源和第二类危险源。

（1）第一类危险源。能量和危险物质的存在是危害产生的根本原因，通常把可能发生意外释放的能量（能源或能量载体）或危险物质称作第一类危险源。第一类危险源是事故发生的物理本质，危险性主要表现在导致事故而造成后果的严重程度方面。第一类危险源危险性的大小主要取决于：①能量或危险物质的量；②能量或危险物质意外释放的强度；③意外释放的能量或危险物质的影响范围。

（2）第二类危险源。造成约束、限制能量和危险物质措施失控的各种不安全因素称作第二类危险源。第二类危险源主要体现在设备故障或缺陷（物的不安全状态）、人为失误（人的不安全行为）和管理缺陷等几个方面。

事故的发生是两类危险源共同作用的结果，第一类危险源是事故发生的前提，第二类危险源是第一类危险源导致事故的必要条件。在事故的发生和发展过程中，两类危险源相互依存，相辅相成。第一类危险源是事故的主体，决定事故的严重程度，第二类危险源出现的难易，决定事故发生可能性的大小。

#### 2. 危险源识别

危险源识别是安全管理的基础工作，主要目的是找出与每项工作活动有关的所有危险源，并考虑这些危险源可能会对什么人造成什么样的伤害，或导致什么设备设施损坏等。

（1）危险源的分类。我国在 2009 年发布了国家标准 GB/T 13861—2009《生产过程危险和有害因素分类与代码》，该标准适用于各个行业在规划、设计和组织生产时对危险源的预测和预防、伤亡事故的统计分析和应用计算机进行管理。在进行危险源识别时，可参照该标准的分类和编码。按照该标准，危险源分为人的因素、物的因素、环境因素、管理因素这四类。

（2）危险源识别方法。危险源识别的方法有询问交谈、现场观察、查阅有关记录、获取外部信息、工作任务分析、安全检查表、危险与操作性研究、事故树分析、故障树分析等。这些方法各有特点和局限性，往往采用两种或两种以上的方法识别危险源。以下简单介绍常用的两种方法：

1）询问交谈。这种方法是通过向有经验的专家咨询、调查，识别、分析和评价危险源的一类方法。其优点是简便、易行；缺点是受专家的知识、经验和占有资料的限制，可能出现遗漏。常用的有头脑风暴法（brainstorming）和德尔菲（Delphi）法。

2）安全检查表（SCL）法。安全检查表（safety check list，SCL）实际上是实施安全检查和诊断项目的明细表。运用已编制好的安全检查表，进行系统的安全检查，识别工程项目存在的危险源。检查表的内容一般包括分类项目、检查内容及要求、检查以后处理意见等。可以用"是""否"作回答或"√""×"符号作标记，同时注明检查日期，并由检查人员和被检单位同时签字。安全检查表法的优点是简单易懂、容易掌握，可以事先组织专家编制检查内容，使安全、检查做到系统化、完整化。缺点是只能做出定性评价。

3. 危险源的评估

根据对危险源的识别，评估危险源造成风险的可能性和损失大小，对风险进行分级。GB/T 28002—2011《职业健康安全管理体系实施指南》推荐的简单的风险等级评估见表4.1，结果分为Ⅰ、Ⅱ、Ⅲ、Ⅳ、Ⅴ五个风险等级。通过评估，可对不同等级的风险采取相应的风险控制措施。

风险评价是一个持续不断的过程，应持续评审控制措施的充分性。当条件变化时，应对风险重新评估。

表 4.1　　　　　　　　　　　　　　　　风 险 等 级 评 估 表

| 可能性 ＼ 风险等级 ＼ 后果 | 轻度损失（轻微伤害） | 中度损失（伤害） | 重大损失（严重伤害） |
|---|---|---|---|
| 很大 | Ⅲ | Ⅳ | Ⅴ |
| 中等 | Ⅱ | Ⅲ | Ⅳ |
| 极小 | Ⅰ | Ⅱ | Ⅲ |

注　Ⅰ—可忽略风险，Ⅱ—可容许风险，Ⅲ—中度风险，Ⅳ—重大风险，Ⅴ—不容许风险。

## 4.4.5　风险的控制

1. 风险控制策划

风险评价后，应分别列出所有识别的危险源和重大危险源清单，对已经评价出的不容许的和重大风险（重大危险源）进行优先排序，由工程技术主管部门的相关人员进行风险控制策划，制定风险控制措施计划或管理方案。对于一般危险源可以通过日常管理程序来实施控制。

2. 风险控制措施计划

不同的组织、不同的工程项目需要根据不同的条件和风险量来选择适合的控制策略和管理方案。针对不同风险水平的风险制定控制措施计划表。在实际应用中，应该根据风险评价所得出的不同风险源和风险量大小（风险水平）选择不同的控制策略。

风险控制措施计划在实施前宜进行评审。评审主要包括以下内容：

（1）更改的措施是否使风险降低至可允许水平。

（2）是否产生新的危险源。

（3）是否已选定了成本效益最佳的解决方案。

（4）更改的预防措施是否能得以全面落实。

3．风险控制方法

（1）第一类危险源控制方法。可以采取消除危险源、限制能量和隔离危险物质、个体防护、应急救援等方法。建设工程可能遇到不可预测的各种自然灾害引发的风险，只能采取预测、预防、应急计划和应急救援等措施，以尽量消除或减少人员伤亡和财产损失。

（2）第二类危险源控制方法。提高各类设施的可靠性以消除或减少故障、增加安全系数、设置安全监控系统、改善作业环境等。最重要的是加强员工的安全意识培训和教育，克服不良的操作习惯，严格按章办事，并在生产过程中保持良好的生理和心理状态。

# 任务 4.5　职业健康安全管理方案
## ——国家游泳中心（水立方）

### 4.5.1　案例背景

1．工程概况

国家游泳中心（水立方），建筑面积约 $0.08km^2$，总投资 10 亿元人民币。整个结构外形为立方体，地上高度约 31m。内部主要为钢筋混凝土结构，拥有 1 个标准竞赛池、1 个标准热身池和 1 个标准跳水池，近 $5000m^2$ 的嬉水乐园。基础为混凝土桩＋无梁抗水板，主体地上一层，局部五层；地下二层；外围、支撑墙及屋盖为多面体空间钢框架结构，由约 1 万个球、2 万个杆件按照水滴的形状组合焊接而成，总质量约 7000t；钢结构墙体及屋盖被 ETFE 膜结构覆盖，总覆盖面积约 10 万 $m^2$。建成后是集比赛、娱乐、健身等功能于一体的综合性室内水上体育场馆（图 4.2）。

图 4.2　国家游泳中心（水立方）

2．技术工艺特点和难点

（1）体现高性能混凝土的特性。本工程混凝土部分的耐久性设计年限为 100 年，必须从原材料的选择、施工过程的控制等方面达到高性能混凝土所要求的耐久性长及工作性好的特点。

（2）建造符合奥林匹克运动会标准的游泳池。高标准的质量要求：泳池、跳台对装修面完成后所达到的精度要求高于普通建筑。要比普通建筑的国家验收标准更加严格。施工过程中，必须严格控制测量、模板的选择与支架、混凝土的浇筑、装修面的完成等每一相关环节，才能达到最终的精度要求。

（3）混凝土结构形式的多样性。根据不同的功能，整个工程内部空间分为比赛厅、多功能区、娱乐区三个区。从底板开始每个空间结构各异，各具特色，同层标高变化多样，各层高度均不同。可以说，每层不同，每段不同。每层设计标高多达十几种，经常出现同层最深与最浅处相差 4～5m 的情况，框架梁截面达到三十几种，给模板支设、现场管理带来了许多困难。

（4）结构异常复杂的屋面及其支撑的新型延性多面体空间钢框架结构。本工程的建筑造型为"充满水的立方体"，为体现出不同形状的水滴充满整个空间的设计理念，屋面及支撑墙结构由延性空间钢框架结构构成水滴的骨架，里外两层框架分别外包 ETFE 膜结构，体现出水滴的流动状态，这种独特设计给人们带来了特殊视觉效果和空间感受的神秘美感的同时，也给施工中各个阶段的安全管理带来了前所未有的困难。

3. 管理目标要求

围绕奥运工程的三大理念"绿色奥运、科技奥运、人文奥运"，确保泳池及其配套设施的可靠性，满足正式比赛的使用功能，通过国际泳联的验收；整体工程获"长城杯""鲁班奖"，现场获得"北京市文明样板工地"，未发生任何伤害事故。

（1）资金情况。该工程由港澳同胞、台湾同胞和海外华侨捐资兴建。

（2）工期要求。开工 7 个月后完成土方开挖，14 个月后完成混凝土结构，21 个月后完成钢结构，29 个月后完成全部膜结构，达到建筑物的封闭和外立面的亮相，35 个月后完成现场全部竣工及资料的移交。

### 4.5.2　危险源识别

1. 混凝土施工阶段的主要危险源

（1）底板施工阶段边坡坍塌，基坑边上人马道的倒塌及高处坠落。

（2）预应力大梁下的架体坍塌；预应力张拉时张拉设备对施工人员的机械伤害，灌浆材料溅出对施工人员的伤害。

2. 钢结构施工阶段的危险源因素

（1）吊装过程中的物体打击，因指挥不协调造成的群塔的起重伤害，脚手架坠落。

（2）焊接过程中的触电、火灾。

3. 膜结构施工阶段的危险源因素

安装过程中的升降平台的坍塌、人员高空坠落。

4. 风灾

因建设初期周边场地过于空旷，易引起局地尘卷风，造成房屋倒塌、物体打击、施工资料丢失。

5. 人员健康

钢结构防腐涂料施工中的重金属中毒、食堂的食物中毒、办公室的射线污染等职业病、施工人员宿舍的传染病。

### 4.5.3  职业健康安全管理目标

综合运用各种手段，通过"科技奥运"实现"人文奥运"的项目目标。

1. 混凝土施工阶段

底板施工阶段杜绝出现边坡坍塌及基坑边、承台坑边、池子高台边的高空坠落而造成的死亡事故；杜绝预应力大梁下的架体坍塌事故，杜绝预应力张拉时张拉设备对施工人员的机械伤害；控制灌浆材料溅出对施工人员的伤害事故小于 $0.6‰$。

2. 钢结构施工阶段

杜绝吊装过程中的物体打击；杜绝群塔的起重伤害；杜绝脚手架的坍塌；杜绝因人员的高空坠落事故而造成的死亡事故；杜绝焊接过程中的触电事故，杜绝重大火灾。

3. 膜结构施工阶段

杜绝安装过程中升降平台的坍塌而造成人员高空坠落的死亡事故。

4. 尘卷风

杜绝人员死亡事故，控制轻伤发生率小于 $0.6\%$，确保资料的丢失率小于 $5\%$。

5. 人员健康

杜绝钢结构防腐涂料施工中的重金属急性中毒事故，杜绝食堂的急性食物中毒，控制办公室的射线污染等职业病，杜绝施工人员宿舍的急性传染病。

### 4.5.4  职业健康安全管理措施

1. 底板施工

整个底板下由 4366 个直径为 400mm 的桩支撑，每个桩承台坑里有 2~69 个数量不等的桩，坑深 1.5~2.3m，整个底板共有大大小小 555 个。由于竞赛池底、热身池底、嬉水乐园底分别比大底板高 1.81m、3.26m、2.86m，形成了 3 个高台；跳水池比大底板低 0.24m，形成了一个大浅坑，现场都是高低错落的沟坑。边坡稳定、安全防护是本工程安全管理的重点。

在基坑上部四周 C20 素混凝土护坡翻边处，离边坡外 1000mm 砌筑高 250mm 的高台，每隔 1.5m 植入 $\phi$48 钢管，埋入深度不小于 1m，露出部分高 1.2m 的防护栏杆，距地 600mm 有一通长横杆，并用密闭网进行维护。沿外周每隔 50m 挂一警示牌，禁止无关人员靠近。

因承台坑众多。不可能在每一个坑边进行防护，但必须在整个、承台坑上部、池子高台处；承台坑及池子边的防护栏杆在浇筑完的垫层上支设，并且每隔超过 1.5m 的坑或台，需要用脚手杆搭设临时爬梯，踏步宽 1.0m，满铺脚手板，对两边固定，并每隔 30cm 铺设防滑条，方便人员上下。

防水卷材施工所用的汽油在现场随用随存，不用不存，即只存放当天的用量。在存放汽油的地方，设置醒目的禁烟禁火标志，配备两组灭火器，并在周围 10m 内不得有其他易燃易爆物品。

由于是地下施工，边坡的稳定是非常重要的。每天应安排专人观测边坡的位移，周边循环道路路面是否有裂缝、护坡的混凝土面是否渗水，连续两天相邻数据相差 10mm 以上时，应及时查明原因，若路面有裂缝，要在有裂缝的边坡下方堆放沙袋，有水时要将水抽出，解除隐患，避免裂缝扩大、坍塌，造成人员伤害。

2. 预应力混凝土大梁

由于预应力大梁截面大沿长度方向每延长米重量达到 13t，因此下部的支撑体系的牢靠性尤为重要，安全管理重点就是架体的稳定，防止坍塌，搭设前必须对立杆强度及整体稳定性进行验算；尽管模板及主、次龙骨的强度对架体的稳定只起间接影响，尤其挠度主要影响大梁的质量，但由于架体均是互相拉接，例如支撑的顶托与大梁底面的主龙骨、大梁侧面斜撑与楼板支撑等均紧密连接形成统一整体，所以为保证万无一失仍需对次要危险因素源进行计算。

（1）由于此大梁所在楼板还有非预应力混凝土大梁与之垂直交叉，截面分别为 1500mm×800mm、1500mm×500mm，梁下及梁侧钢管支撑立杆、背楞间距不同，在方案中均应有相应计算且实际操作中不能混淆。

（2）支撑及模板体系及其相关安全关键参数的计算过程。

3. 钢结构

（1）安装。

1）方法。先用塔吊吊运至安装区域，再用手动葫芦拉起杆件或球形构件进行精确定位。此种安装方法可能产生的危害是高空坠落、物体打击、架体坍塌、机械伤害，其中架体坍塌有可能导致群死群伤，是最具有危害性的危险源。

2）吊装安全措施。为方便加工厂焊接球的倒运，每个焊接球上均有一个经点焊的吊环。而现场进行吊装焊接球时，在加工厂内、装运上车、卸车、现场内倒运等多次使用吊钩，无法做到检测每一个焊点强度的条件下，为防止焊接球吊环断裂，应把球装入吊笼，采用吊笼吊装。

3）与脚手架的配合关系。钢结构的安装是否到位、是否安全归根到底是处理好钢结构与脚手架的关系。脚手架与钢结构之间是相互利用、相互制约的关系：具体来说，钢结构安装需要脚手架搭设出可靠的操作及支撑平台或吊装、调平支撑点，而过密的脚手架会在局部对钢构件的吊装、安装造成影响。所以在钢结构墙体及屋盖安装的过程中，脚手架起到了举足轻重的作用，可以说，钢结构成败的关键很大程度上取决于钢结构与脚手架的配合是否到位，脚手架体系安全了就意味着钢结构的安全管理工作完成了 4/5。

（2）焊接。

1）由于杆件多，而且在设计应力比较高的杆件节点处加设加强板，达到"强节点、弱杆件"的设计理念；另外，70% 以上节点处的方钢管与圆钢管干涉，加设节点干涉板，焊接量达到约 10 万条。焊接所可能引起的危害主要是触电、火灾、爆炸，这些危害对工地的影响是很大的，因此安装后的焊接作业的管理是钢结构安全管理的关键。

2）在钢结构施工阶段（包括墙体、屋盖的安装），由于焊接作业多，而绿色密目安全网自身并不阻燃，容易引起火灾，加之吊装作业多，钢结构测量定位困难，满挂的绿色密目安全网会影响塔式起重机司机的视线，影响钢结构吊装，产生安全隐患。经专家会上明确，取消钢结构施工阶段满挂的绿色密目安全网，仅在防护高度范围内挂设密目网。

3）因为同时作业区域多，特别是屋盖的焊接，每个焊点下必须设接火盆，接火盆用 3mm 厚的镀锌薄钢板制成，屋盖焊接分为 32 个区域设置看火人，最多每 10 个焊点设一个专职看火人，经常来回巡视，全部焊点必须在看火人的视线范围内。作业区内，配置 2 组灭火器，灭火器要随作业区的转移而转移。

4）氧气、乙炔瓶应分别吊装，在氧气、乙炔瓶未吊运至工作面前，经常检查氧气、乙炔瓶的阀门，防止漏气。吊运时采用吊笼，且吊笼门的卡口采用双销子，防止在吊运过程中出现气瓶滑落，造成物体打击伤害的事故。

5）焊接时，给 Q420C 钢材采用排枪预热时，要防止火星四溅，而且氧气、乙炔瓶要距离工位至少 10m，且周围无其他易燃易爆物品；因焊接工位为空间上的交叉，所以氧气、乙炔瓶的上口需用防火布进行覆盖，防止发生爆炸伤人事故。

6）墙体焊接必须遵循安装点焊 2 层、满焊 1 层的原则，用于球体定位安装依靠脚手架、杆件焊接后，节点处又成了脚手架的刚性拉接点，减少架体坍塌的可能性。

（3）支撑体系的卸载。

卸载的过程对钢结构和架体及钢结构杆件是一个加压的过程。无论对钢结构自身和对支撑架体而言，整个卸载过程都是一个严峻的考验，有可能会出现钢结构自身及架体的坍塌事故。卸载计算工况是结合了现场进度安排，杆件内应力控制在设计允许范围内，应力比不超过 0.9，支点反力不宜过大，以避免导致支撑体系的搭设难度及减少对支撑下楼板的影响等原则进行选择的。本工程屋盖考虑分两次卸载，中间南北向内墙作为分界线，先西区，后东区。

根据工程特点，合理选择千斤顶的下降方式等距卸载。卸载前，通告所有现场内施工单位及个人；清理现场，除卸载操作及指挥人员外，其他不相关人员不得进入卸载区；卸载区以下架体用警戒线封闭，防止意外。卸载时，其他工种停止施工，均待在安全地带，卸载时千斤顶操作人员需挂安全带在主体结构上。

（4）整体拆除。

1）拆除前应派专人检查架子上的材料、杂物是否清理干净，脚手架拆除时须划出安全区，并设置警戒标志，设专人警戒，架体拆除时下方不得有其他作业人员。

2）脚手架的拆除顺序与搭设顺序相反，须遵循先搭后拆、后搭先拆的原则，严禁上下同时作业，从脚手架顶端拆除其顺序为：安全网→护身栏→挡脚板→脚手板→小横杆→大横杆→立杆→连墙杆→纵向支撑。

3）连墙件必须随脚手架逐层拆除，严禁先将连墙件整层拆除或数层拆除后再拆除脚手架，分段拆除高差不得大于两步（即 2.4m），如不能满足，应增设临时连墙件。

4. 人员安全健康

（1）人员安全。

1）建立完善的安全管理制度。针对工程性质制定完善的安全管理制度；明确安全生产责任制；严格安全检查制度；完备安全教育制度，形成一整套安全管理体系。

2）现场措施。脚手架、基坑支护、模板工程、"三宝""四口""五临边"、物料提升架、高处作业、料具存放、施工用电、机械设备的防护措施按《北京市建设工程施工现场安全防护标准》(京建施〔2003〕1号) 要求和企业《现场安全防护方案》通本要求，结合现场实际情况制定。

当施工人员操作焊接、喷涂、切割等有强光作业、粉尘作业、强噪声等作业时，施工人员应佩戴护目镜、面罩、口罩、耳塞等防护器具上岗。

现场挂安全提示板，定期对施工现场的各种安全设施和劳动保护器具进行检查和维修。将安全隐患遏制在事故发生之前。

（2）人员健康。除了通常工程中配备的隔油池、化粪池、垃圾池、沉淀池外，还为现场人员配备太阳能淋浴间、理发间、读书室、电话间、医疗室等设施。在节假日期间，还在场外停车场举行专场音乐会，丰富人们的业余文化，满足人们的业余文化需求。

现场施工作业区、办公区、工人临时休息区分开布置，涂膜作业时，应开启所有窗户或采取用风机强制通风的措施，避免员工中毒。工人食堂、临时休息室布置在现场的上风口——北侧；敞开式办公室布置有利于通风；复印机、打印机单独放在一起，与工作人员不同室。

现场设饮水处、休息区、临时固定厕所、临时移动环保厕所、卫生所、食堂、浴室、吸烟室等必要的施工人员生活设施，每日专人清洁环境、喷洒消毒，防止污染。

新工人上岗前进行体格健康检查，特殊工种、有毒有害工种按《职业病防治法》定期作健康检查，检查后发现有不适宜继续作业的人员，应调换安排相适应的工作。

办公室、工人休息室、食堂、浴室、经警门卫室等内部设施整齐干净，照明通风均符合职业安全卫生要求，夏季对上述地点还要派专人灭蚊灭蝇，保持环境干净。

食堂有一名工地领导主管食品卫生工作，并设有兼职的卫生管理人员。食堂的设置需经当地卫生防疫部门的审查、批准，要严格执行食品卫生法和食品卫生有关管理规定。建立食品卫生管理制度，要办理食品卫生许可证。食堂操作间分清真区、普通区，用具分区分类摆放整齐；每天清洁、消毒；采购猪肉、食油应在超市或食品公司的肉店购买，不得在自由市场随意购买猪肉和食油，购买的蔬菜应新鲜，不准购买、食用变质食品。所有炊事员持健康证上岗，并每年定期复查炊事员的健康状况，状况不良不得上岗。

食堂内外要整洁，饮具用具必须干净，无腐烂变质食品。操作人员上岗必须穿戴整洁的工作服并保持个人卫生，食堂要做到生熟食品分开操作、保管。食堂设专人定点采买清真食物、普通食物，目的：一是保证食品卫生和质量；二是尊重用餐人的民族习惯。

夏季，食堂每日 2～3 次向施工人员供应防暑降温饮料；所有饮料及饮及送，不放置在现场内曝晒；夏季应安装驱蚊器防蚊。

5. 施工过程中的人体工效要求

（1）选择搭设分包时，应注意身高的限制，因为普通扣件式脚手架大部分的步距均为 1200mm，应规定身高在 1.55～1.70m 之间，便于操作。脚手架的架管和扣件运输，当操作为两人配合固定杆件时，应注意相互动作的协调性，一名负责固定扣件的精确固定，扭矩必须达到 40～65N·m，采用标准螺栓时，应保证外露螺栓达到要求。一名负责扶好架杆，传递杆件时，应一手作为持力手，另一手为固定杆件方向手，在架体一步架内三次传递到位。

（2）施工现场的便所布置应方便工人的生理需要，从距离、卫生、蹲位数量等方面进行考虑。现场的东侧和西侧通道边各设置5个移动厕所。

（3）在架体拆除过程中，采用"谁搭谁拆、后装先拆"的原则，应选用身高与架体相匹配的人员进行作业，在拆除脚手架时，应考虑步距、与周边架体的拉接、摆设方法对人员的要求。应5人一组，协调地进行拆除，等距卸载。为防止因操作人员的动作不匹配而出现架管坠落，应禁止违反人体工效要求的操作。

（4）在焊接过程中，钢结构分包人员应注意合理安排不同施工部位的焊工，在施工空间狭窄的部位作业应安排身高为1.55～1.65m的焊工施焊，没有高度限制的作业区域应安排身高为1.68～1.75m的焊工焊接。搬运氧气、乙炔瓶时，应考虑安排身高在1.60m以上的工人进行搬运。

**6. 施工过程的心理活动管理**

当脚手架施工超过24m时，现场安全员每天必须对架工的心理状态和工作情绪作现场观察和评估，特别是在初一、十五期间注意施工队部分信教人员的心理变化，关注江苏籍作业人员在农忙前后的心态变化和当作业人员因家庭或个人原因出现情绪异常时，安全管理人员应及时跟进调查，了解原因，进行风险评价，当存在不可接受风险时，应禁止有关人员从事高空作业岗位。

当施工现场出现异常情况，如火灾、坠落事故或其他紧急情况时，安全管理人员应及时对架子工、电工、焊工、混凝土工、塔式起重机司机等风险大的岗位进行心理调查和评估，需要时应进行心理辅导，调整有关人员的心理活动。若出现整体人员的情绪波动，应及时暂停作业活动，待心理恢复正常后，再安排上岗。

**7. 施工过程的沟通要求**

脚手架、焊接、吊装、卸载等作业过程在实施前，由各安全管理人员负责将有关风险识别和评价结果与作业人员进行沟通，使之明确知道自己所面临的风险。项目经理部安全管理人员应及时与各专业分包进行沟通和协商，每周一各专业分包的安全管理人员应与土建的脚手架、焊接、吊装、卸载等作业的安全负责人进行会议沟通，每天现场的安全人员彼此应进行面对面的沟通，沟通内容包括：①工序交叉的接口要求；②安全技术措施的实施情况；③现场作业的风险控制结果；④彼此需要解决的协商问题，当需要协商和沟通的问题不能及时解决时，应及时上报，由双方的安全负责人进行协商和决策。项目经理部安全总监应对各专业分包在进行脚手架、焊接、吊装、卸载等施工或其他作业的过程中，进行抽查，对各专业分包不能协商解决的问题，予以仲裁。

由于本工程工期紧，基本没有节假日、休息日，而且跨越冬、雨期，包括春节期间现场也不停工，因此现场需要在平日体现出人文关怀，节假日进行实物及精神上的慰问，例如冬季发棉衣、保暖鞋等；春节期间把仍然留在现场未能与亲人团聚的施工人员组织起来，在现场的阅览室进行歌咏活动、包饺子吃团圆饭、看春节联欢晚会、发慰问信到员工家里、提供IP电话每人通话一分钟等措施，以安定人心。

安全教育活动应结合现场实际，做得灵活多样，例如可不定期在每周一的安全例会上进行有奖安全知识问答活动、定期进行安全知识竞赛、先进安全生产人员评比和奖励、放事故录像、现场安全隐患实际讲演等活动，让施工人员自觉遵守安全管理，将安全注意事项牢记在心，把"要我安全变成我要安全"。

8. 其他安全措施

（1）临边、洞口安全施工措施。

（2）钢结构工程安全施工措施。

（3）模板工程安全施工措施。

（4）混凝土工程安全施工措施。

# 课 后 练 习

**一、基础训练**

1. 工程项目职业健康安全管理的特点是什么？

2. 工程项目职业健康安全管理的作用是什么？

3. 工程建设项目进行危险源辨识风险评价，通常分为哪两个阶段？

4. 项目职业健康安全技术措施计划的作用是什么？

5. 职业健康安全措施计划的主要内容有哪些？

6. 职业病有哪些管理要求？

7. 施工现场职业健康安全控制的基本管理要求有哪些？

8. 哪些是承包人对分包人的安全生产责任？

9. 应急准备与响应程序的具体内容有哪些？

10. 如何实施项目职业健康安全文化管理？

11. 按照事故后果严重程度划分的伤害事故分类的内容是什么？

12. 项目经理部的安全教育内容有哪些？

**二、考证进阶**

1.《环境管理体系要求及使用指南》(GB/T 24001—2016) 中的"环境"是指（　　　）。

A. 组织运行活动的外部存在

B. 各种天然的和经过人工改造的自然因素的总体

C. 废水、废气、废渣的存在和分布情况

D. 周边大气、阳光和水分的总称

2. 在建设工程项目决策阶段，建设单位执业健康安全与环境管理的任务包括（　　　）。

A. 提出生产安全事故防范的指导意见

B. 办理有关安全的各种审批手续

C. 提出保障施工作业人员安全和预防生产安全事故的措施建议

D. 办理有关环境保护的各种审批手续

E. 将保证安全施工的措施报有关管理部门备案

3. 对于依法批准开工报告的建设工程，建设单位应当自开工报告批准之日起（　　　）日内将保证安全施工的措施报送工程所在地相关部门备案。

A. 7

B. 14

C. 15

D. 30

4. 根据《建筑施工企业安全生产管理机构设置及专职安全生产管理人员配备办法》，某 3 万 m² 的建筑工程项目部应配备专职安全管理人员的最少人数是（　　）名。

A. 1

B. 3

C. 4

D. 2

5. 根据《安全生产许可条例》，施工企业安全生产许可证（　　）。

A. 有效期为 2 年

B. 有效期届满时经同意可以不再审查

C. 要求企业获得职业健康安全管理体系认证

D. 应在届满后 3 个月内办理延期后续

6. 建筑施工企业的三级安全教育是指（　　）。

A. 公司层教育、项目部教育、作业班组教育

B. 进场教育、作业前教育、上岗教育

C. 最高领导教育、项目经理教育、班组长教育

D. 最高领导教育、生产负责人教育、项目经理教育

7. 关于安全生产教育培训的说法，正确的是（　　）。

A. 企业新员工按规定经过三级安全教育和实际操作训练后即可上岗

B. 项目级安全教育由企业安全生产管理部门负责人组织实施，安全员协助。

C. 班组级安全教育由项目负责人组织实施，安全员协助

D. 企业安全教育培训包括对管理人员、特种作业人员和企业员工的安全教育

8. 编制安全技术措施计划包括以下工作，①工作活动分类；②风险评价；③危险源识别；④制定安全技术措施计划；⑤评价安全技术措施计划的充分性；⑥风险确定。正确的编制步骤是（　　）。

A. ①-②-③-④-⑤-⑥

B. ③-①-②-⑥-④-⑤

C. ①-③-⑥-②-⑤-④

D. ①-③-⑥-②-④-⑤

9. 关于某起重信号工病休 7 个月后重返工作岗位的说法，正确的是（　　）。

A. 应重新进行安全技术理论学习，经确认合格后上岗作业

B. 应在从业所在地考核发证机关申请备案后上岗作业

C. 应重新进行实际操作考试，经确认合格后上岗作业

D. 应重新进行安全技术理论学习，实际操作考试，经确认合格后上岗作业

10. 根据《建设工程安全生产管理条例》对达到一定规模的危险性较大的分部（分项）工程编制专项施工方案，经施工单位技术负责人和（　　）签字后实施。

A. 项目经理

B. 项目技术负责人

C. 业主方项目负责人

D. 总监理工程师

11. 根据《建设工程安全生产管理条例》，下列分部分项工程中，应当组织专家进行施工方案论证的有（　　）。

A. 深基坑工程

B. 地下暗挖工程

C. 脚手架工程

D. 高大模板工程

E. 爆破工程

12. 根据《中华人民共和国建筑法》及相关规定，施工企业应交纳的强制性保险是（　　）。

A. 人身意外伤害险

B. 工程一切险

C. 工伤保险

D. 第三者责任队

13. 关于生产安全事故应急预案的说法，正确的有（　　）。

A. 应急预案体系包括综合应急预案，专项应急预案和现场处置方案

B. 编制目的是杜绝职业健康安全和环境事故的发生

C. 综合应急预案从总体上阐述应急的基本要求和程序

D. 专项应急预案是针对具体装置、场所或设施、岗位所制定的应急措施

E. 现场处置方案是针对具体事故类别，危险源和研究保障而制定的计划或方案

14. 关于施工企业生产安全事故应急预案实施规定的说法，正确的是（　　）。

A. 每年至少组织两次专项应急预案演练

B. 每半年至少组织两次现场处置方案演练

C. 应急指挥机构及其职责发生调整的，应当及时修订

D. 应急资源发生变化的也应及时进行修订

15. 某房屋建筑拆除工程施工中，发生倒塌事故，造成12人重伤、6人死亡，根据《企业职工伤亡事故分类标准》，该事故属于（　　）。

A. 较大事故

B. 特大伤亡事故

C. 重大事故

D. 重大伤亡事故

16. 根据《生产安全事故罚款处罚规定（试行）》，下列安全事故中，属于重大事故的是（　　）。

A. 3人死亡，10人重伤，直接经济损失2000万元

B. 12人死亡，直接经济损失960万元

C. 36人死亡，50人重伤，直接经济损失6000万元

D. 2 人死亡，100 人重伤，直接经济损失 1.2 亿

17. 关于按规定向有关部门报告建设工程安全事故情况的说法，正确的是（　　）。

A. 事故发生后，事故现场有关人员应当于 1 小时内向本单位安全负责人报告

B. 专业工程施工中出现安全事故的，可以只向行业主管部门报告

C. 事故现场人员可以直接向事故发生地县级以上人民政府应急管理部门报告

D. 应急管理部门每级上报的时间不得超过 4 小时

18. 发生建设工程重大安全事故时，负责事故调查的人民政府应当自收到事故调查报告起（　　）日内作出批复。

A. 30

B. 15

C. 45

D. 60

19. 施工现场文明施工管理组织的第一责任人（　　）。

A. 项目经理

B. 总监理工程师

C. 业主代表

D. 项目总工程师

20. 某大型工程位于某市市郊，根据《建设工程施工现场管理规定》，该工程现场围挡设置高度不宜低于（　　）m。

A. 3

B. 2.5

C. 2

D. 1.8

21. 根据 GB 12523—2001《建筑施工场界环境噪声排放标准》，打桩机械在昼间施工噪声排放限值是（　　）dB。

A. 55

B. 60

C. 65

D. 70

22. 在人口稠密地区进行强噪声作业时，一般停止作业的时间为（　　）。

A. 晚 8：00 至次日早 8：00

B. 晚 9：00 至次日早 7：00

C. 晚 10：00 至次日早 7：00

D. 晚 10：00 至次日早 6：00

### 三、思政拓展

1. 工程安全标志有哪些类型，分别采用什么颜色？试画出安全标志（3 个以上）？

2. 2016 年 7 月 30 日，上海龙宇建设集团有限公司（以下简称"上海龙宇公司"）总承包、常州建邦机械化施工有限公司专业分包的江苏中关村小夏庄安置小区 17 号楼，两

名吊篮拆卸工 17 号楼顶层屋面，准备将高处作业吊篮从东侧移位到西侧，在将配重全部卸下后，其中一名吊篮工翻越女儿墙至外侧雨棚拆除高处作业吊篮后支架及后梁过程中，失去重心，从该楼顶层坠下死亡。

　　（1）如果你是该项目的项目经理，应该如何做好事故安全预防措施？

　　（2）发生事故后，应如何处理？

项目**5** 　**工程项目成本管理**

● **学习目标**

　　1. 了解建筑安装工程费用项目的组成，并尝试计算。

　　2. 熟悉建设工程定额，工程量清单计价，计量与支付规则。

　　3. 施工成本管理的任务、程序、措施，施工成本计划、成本控制等。

　　4. 尝试对某一工程项目进行成本分析。

● **能力目标**

　　1. 能清楚工程项目费用管理的组成。

　　2. 初步掌握工程项目的投资管理。

　　3. 有一定的工程项目造价及成本管控能力。

　　4. 能模拟工程项目的结算与支付流程。

● **思政目标**

　　1. 树立学生成本控制的思想理念。

　　2. 学生在日常生活中能厉行节约。

广厦万间，杜绝"超支房"——工程项目成本管理

　　施工成本管理应从工程投标报价开始，直至项目竣工结算，保修金返还为止，贯穿于项目实施的全过程。施工成本管理要在保证工期和质量要求的情况下，采取相应管理措施，包括组织措施、经济措施、技术措施和合同措施，把成本控制在计划范围内，并进一步寻求最大限度的成本节约。

　　本章基于建设工程项目费用的分析，阐述业主方建设项目的投资管理，具体包括：建筑安装工程费用项目的组成与计算，建设工程定额，工程量清单计价，计量与支付，施工成本管理的任务、程序、措施，施工成本计划、成本控制、成本核算、成本分析和成本考核等。此外，本章还涉及了贯穿于项目投资运作、造价及成本管理过程的工程款结算与支付管理的相关知识。

## 任务 5.1　工程项目成本管理概述

　　项目费用管理是项目管理知识体系的重要构成内容，它要求项目管理者应具备项目资源计划编制以及相应的费用估算、预算编制和执行控制的知识。当建设工程项目作为项目管理的对象时，工程项目管理者仅具备一般项目费用管理知识是不够的，还必须学习和掌握工程项目的投资管理、造价管

工程项目成本组成

理和成本管理，以及与此相关的工程费用结算与支付管理、工程变更与签证管理等知识。然而投资管理、造价管理和成本管理三者之间既有不同的管理特性又有密切的相互联系。因此，首先要搞清它们的内涵区别。

### 5.1.1　工程项目费用管理内涵的多义性

工程项目费用管理内涵的多义性，是由工程项目的多义性与工程项目费用的多义性所决定的。

1. 工程项目的多义性

工程项目一词是建设工程项目的简称。工程项目所含的具体工程范围可灵活自定义，在实际应用中工程项目至少存在三种不同内涵：一是指独立的工程建设单位，即建设项目；二是指独立的建设工程构成单位，即建设项目系统中的单位工程或单项工程；三是指以工程合同标的为对象的建设工作任务（或具有工程任务背景的工作项目，但称不上有独立工程产品的工程项目）。

（1）建设项目。指在一个总体规划范围内，行政上统一领导，经济上独立核算的工程建设单位。

（2）单位或单项工程项目。单位或单项工程项目是指在建设项目内部具有独立设计技术经济文件、具备独立组织施工条件及建成后具有独立使用功能的单位或单项建筑安装工程项目。

（3）特定范围的建设任务。由于建设工程项目的实施采用项目结构分解方式进行发包组织生产的模式，因此，对于以分部分项工程承发包合同标的为对象的项目管理，虽可称之为工程项目管理，但并非是完整建筑产品的工程项目管理。同样，以"工程设计任务""专业工程承包合同""施工作业任务单"等为对象的项目管理，因之具有工程建设任务背景，均可称之为"工程项目管理"。但是，这里所称的工程项目既不是独立的工程建设单位，也不是独立的工程产品构成单位。

2. 工程项目费用的多义性

建设工程项目费用的多义性是由主要费用的使用性质和不同的管理主体及管理目标所决定的。其具体表现是围绕建设投资、工程造价、工程成本等形式而进行的管理和目标控制。

（1）建设投资。建设投资是建设项目业主对建设需求选择和自主决策形成的经济参数，无论是计划投资的确定还是最终实际投资的形成，都是基于建设需求整体解决方案的决策和实施结果。不同的建设需求和建设方案的决策，首先是决定建设项目总投资的内在因素，其次才是建设项目实施过程的外部因素所产生的影响。

（2）工程造价。工程造价不仅是工程项目的建造价格，而且是工程产品交易过程的经济指标。只有建筑产品成为商品，价格才被应用到工程的市场交易中。造价与投资不同，它不是一方自主决策的经济参数，而是交易双方要通过市场，并且按照市场规律共同决定。

（3）工程成本。成本的原意是指商品生产中，按照统一规定的范围和规则计算的以货币量表示的经济消耗。这种经济消耗反映的是社会劳动消耗，包括活劳动与物化劳动的消耗。工程成本的含义与建筑行业生产组织体制相适应，一般是指工程施工成本，也可以说是与工程造价范围相对应的施工生产全过程的经济消耗或劳动消耗。

当然，这里需要说明的是工程项目的建造，除施工以外还必须有勘察设计、工程监理、业主方的建设组织和采购等活动，这些方面的费用理所当然地也是工程成本的组成部分。但是，工程建设属于固定资产投资活动，其目的是获得预期使用功能和价值的固定资产，最后在建设所形成的固定资产中计入全部建造费用。因此，施工成本虽是狭义的工程成本，但在实际运作中已成为人们共识的工程成本。在当前相关研究中，必须把握工程项目在不同阶段所形成的工程成本与固定资产建造成本，工程造价与固定资产造价的联系和区别。

### 5.1.2　工程项目费用管理的系统构成

基于以上对工程项目多层含义的认识，以及项目系统结构的分解，可以将工程项目费用管理归纳为表5.1的系统交叉关系。

表 5.1　　　　　　　　　　　　工程项目费用管理的系统交叉关系

|  | 建设项目 | 单项工程 | 单位工程 | 分部工程 | 分项工程 | 合同标的 |
|---|---|---|---|---|---|---|
| 投资管理 | • | ○ | ○ | ○ | ○ | ○ |
| 造价管理 |  | • | • | ○ | ○ | ○ |
| 成本管理 |  | ○ | • | ○ | ○ | • |

注　•—费用管理的面向对象；○—费用管理的涉及范围。

# 任务5.2　工程项目投资管理

工程项目投资包括建设项目总投资、单项或单位建筑安装工程投资以及其他相关方面的投资。如前所述，建设项目是指在一个总体规划范围内，行政上统一领导，经济上独立核算的工程建设单位。单项和单位工程则是建设项目整体系统中具有独立设计技术经济文件，具备独立组织施工条件，建成后具有独立使用功能的工程项目。建设阶段的工程项目总投资，最终将转化为业主方新增固定资产的建造总成本。

### 5.2.1　工程项目投资管理概述

1. 投资管理的对象

根据工程项目的系统划分和建设投资的构成，工程项目投资管理按对象分为三个层次。

（1）建设项目总投资管理。建设项目总投资是整个建设项目系统所需要投入的全部建设资金。总投资管理的任务包括对建设项目投资规模的合理确定和有效控制。具体的运作方式，首先是进行建设项目的建设内容、使用功能、建设标准、投资结构等的策划与可行性研究论证及其科学决策；进而是以工程造价管理为手段，控制所有单位及单项工程的发包价格，以及控制业主方自行采购的土地、生产设备、工器具和建设过程组织管理、委托代理及咨询服务等各类投资的费用。在确保完成建设工程质量、工期、安全、环保等目标的前提下，使建设总投资最经济合理。

（2）建筑安装工程投资管理。建筑安装工程投资管理是指建设项目系统中各单项或单位建筑安装工程的建设投资。

（3）其他相关的投资管理。其他相关建设投资是指建设项目总投资构成中，用于征购土地与动拆迁补偿，购置生产性设备和工器具，以及支付固定资产投资调节税等的投资费用。在工程建设阶段，这一部分费用一般作为建设项目总投资的专项费用进行单列管理和核算。它是建设项目总投资流的一个分支。

**2. 投资管理的主体**

建设项目投资是社会固定资产投资活动的重要组成部分，根据建设需求和投资目的不同，可以划分为四类不同性质的投资主体。

（1）兴办实体经济事业的投资者。实体经济投资包括投资工业、农业、服务业等建设项目，投资的出发点主要在于购置固定资产，为其经济事业的发展创造物质条件。这类投资者虽然也追求购置的固定资产能够增值，但主要目标在于依托实体经济发展使建设投资得到回报。

（2）房地产开发投资者。这类投资主体在房地产开发建设阶段是商品房屋的购置者，开发商的投资活动是买方行为，追求的是以最低的价格，获得最满意的产品，包括功能、质量和工期等的目标要求。而在商品房屋流通阶段，开发商又是商品房屋的销售者，是卖方行为，追求的是卖点高、利润大。

（3）提供公共福利产品或服务的投资者。公共福利产品或服务即政府财力投资的基础设施和公共建筑，追求的目标是花同量的钱办更多更好的事，使公共服务和社会效益最大化。这类建设项目的投资管理体制改革实行政府工程项目的代建制，即政府委托有资格的社会化、专业化的工程管理机构，充当政府业主的管理角色。它的实质是一种委托代理关系，不改变政府作为投资主体的本质。

（4）政府特许的可经营性公共工程投资者。这种投资者也称 BOT 类建设项目的投资者，其目的是通过特许期经营权的授予，取得投资的回报。

我国实行大中型建设项目法人责任制，建设项目的直接投资主体应具备建设项目法人资格，按照谁投资、谁管理、谁负责的原则，承担投资管理和组织建设的责任。建设项目总体规划、工程设计单位、监理机构及其他为建设单位服务的咨询顾问单位等是建设单位进行投资控制的重要依托。

**3. 投资管理的任务**

（1）确定并分析论证建设项目总投资目标及其用途结构的合理性。

（2）确定建设资金的筹措和融资方案，根据建设总进度部署要求，编制投资使用计划，加强资金管理。

（3）实施全方位、全过程的投资控制。在确保建设项目本身的功能目标、规模目标、质量目标、动用时间目标以及相关的健康、安全和环境保护目标的前提下，动态地控制工程项目总投资和各项投资目标，使工程项目的估算投资、概算投资、预算投资和决算投资呈动态受控状态。

工程项目投资管理贯穿于建设项目前期决策和项目实施全过程。其中，项目决策和设计阶段是投资控制可能性最大的时期。投资管理的范围涉及建设项目投资构成的所有方面，其中，以建筑安装工程的投资控制——工程项目造价管理作为最为重要的方面。

### 5.2.2   工程项目投资的构成

建设项目的投资就是指一个工程建设项目花费的全部费用。生产性建设项目总投资包括建设投资和铺底流动资金两部分；非生产性建设项目总投资只包括建设投资。建设投资由设备及工器具购置费、建筑安装工程费、工程建设其他费用、预备费（包括基本预备费和涨价预备费）、建设期的贷款利息和固定资产投资方向调节税（目前暂不征收）组成。铺底流动资金是指生产性建设项目为保证生产和经营的正常进行，按规定列入建设项目总投资的铺底流动资金，如图 5.1 所示。建设项目的建设投资，按照各类费用的性质分为静态投资和动态投资两部分。其中，设备及工器具购置费、建筑安装工程建设其他费和基本预备费，组成建设投资的静态部分。涨价预备费、建设期的贷款利息、固定资产投资方向调节税是建设投资的动态部分。

图 5.1   工程项目投资费用构成

**1. 设备及工器具购置费**

设备及工器具购置费是由设备购置费和工具、器具、生产家具购置组成的。在生产性建设工程中，设备、工器具投资是总投资的积极部分，它占项目投资比重的提高意味着生产技术的进步和资本有机构成的提高。设备购置费是指按照建设项目设计文件要求，建设单位（或其委托单位）购置或自制达到固定资产标准的设备、工具、器具所需的费用。设备购置费包括设备原价（或进口设备抵岸价）和设备运杂费两部分。为了方便，设备运杂费用以设备原价乘以设备运杂费率来计算。工具、器具及生产家具购置费用以设备购置费乘以定额费率来计算。

设备购置费由设备原价和设备运杂费构成，即"设备购置费＝设备原价＋设备运杂费"。

**2. 建筑安装工程费**

建筑安装工程构成建设项目实体的单位与单项工程，包括一般土建工程、建筑设备安装工程和生产设备安装工程。建筑安装工程费由直接费、间接费、利润和税金组成。

建筑安装工程费按照费用构成要素划分：由人工费、材料（包含工程设备，下同）费、施工机具使用费、企业管理费、利润、规费和税金组成。其中人工费、材料费、施工机具使用费、企业管理费和利润包含在分部分项工程费、措施项目费、其他项目费。

建筑安装工程费按照工程造价形成由分部分项工程费、措施项目费、其他项目费、规费、税金组成，分部分项工程费、措施项目费、其他项目费包含人工费、材料费、施工机具使用费、企业管理费和利润。

**3. 工程建设其他费用**

工程建设其他费用是指未纳入以上两项的，根据设计文件要求和国家有关规定应由项目投资支付的，为保证工程建设顺利完成和交付使用后能够正常发挥效用而发生的一些费用。工程建设其他费用可分为三类：第一类是土地使用费，包括土地征用及迁移补偿费和土地使用权出让金；第二类是与项目建设有关的费用，包括建设单位管理费、勘察设计费、研究试验费、临时设施费、工程监理费、工程保险费、供电贴费、施工机构迁移费、引进技术和进口设备其他费等；第三类是与未来企业生产经营有关的费用，包括联合试运转费、生产准备费、办公和生活家具购置费等。

工程建设其他费用也指用是根据有关规定应在基本建设投资中支付的，并列入建设项目总概预算或单项工程综合概预算的，除建筑安装工程费用和设备工器具购置费以外的费用。包括土地、青苗等补偿费和安置补助费、建设单位管理费、研究试验费、生产职工培训费、办公和生活家具购置费、联合试运转费、勘察设计费、供电贴费、施工机构迁移费、矿山巷道维修费、引进技术和进口设备项目的其他费用等。

4．预备费

按我国现行规定，预备费包括基本预备费和涨价预备费。基本预备费是指在项目实施中可能发生的难以预料的支出，需要预先预留的费用，又称不可预见费，主要指设计变更及施工过程中可能增加工程量的费用。涨价预备费是指建设工程在建设期内由于价格等变化引起投资增加，需要事先预留的费用。涨价预备费以建筑安装工程费、设备及工器具购置费之和为计算基数。按照风险因素的性质划分，预备费又包括基本预备费和价差预备费两大种类型。

基本预备费的计算公式：

基本预备费＝（设备及工器具购置费＋建筑安装工程费＋工程建设其他费）×基本预备费费率涨价预备费－价差预备费，计算公式：

$$nPF = \sum I_t (1+f)_{t-1}, \; t \neq 0$$

式中　$PF$——涨价预备费；

　　　$n$——建设期年份数；

　　　$I_t$——建设期中第 $t$ 年的投资额；

　　　$f$——年投资价格上涨率。

5．建设期的贷款利息

建设期利息是指项目借款在建设期内发生并计入固定资产的利息。建设期的贷款利息应该按复利的方式计算。为了简化计算，在编制投资估算时通常假定借款均发生在每年的年中，借款第一年按半年计息，其余各年份按全年计息。一般来说建设期贷款利息包括向国内银行和其他非银行金融机构贷款、出口信贷、外国政府贷款、国际商业银行贷款以及在境内外发行的债券等在建设期间内应偿还的贷款利息。

6．固定资产投资方向调节税

固定资产投资方向调节税是对我国境内用各种资金进行固定资产投资的单位和个人，按其投资额征收的一种税。开征固定资产投资方向调节税的目的，在于贯彻国家产业政策，控制投资规模，引导投资方向，改善投资结构，加强重点建设，促进国民经济持续、稳定、协调地发展。固定资产投资方向调节税的纳税义务人为我国境内用各种资金进行固定资产投资的单位和个人，计税依据为纳税人实际完成的固定资产投资额，实行差别税率，税率分为 0%、5%、15%、30%四档。投资方向调节税由纳税人按固定资产计划投资额预缴，项目竣工后，按实际完成的固定资产投资额清算，多退少补。

目前此项税已暂停征收。

### 5.2.3　建筑安装工程费用项目组成

1. 按费用构成要素划分的建筑安装工程费用项目组成

建筑安装工程费按照费用构成要素划分，由人工费、材料（包含工程设备，下同）费、施工机具使用费、企业管理费、利润、规费和税金组成。其中人工费、材料费、施工机具使用费、企业管理费和利润包含在分部分项工程费、措施项目费、其他项目费用中，如图 5.2 所示。

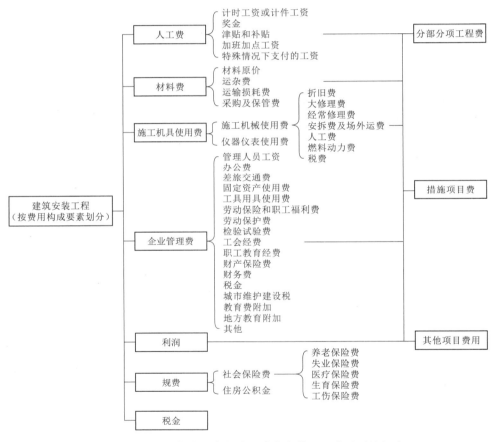

图 5.2　按费用构成要素划分的建筑安装工程费用项目组成

（1）人工费。人工费是指按工资总额构成规定，支付给从事建筑安装工程施工的生产工人和附属生产单位工人的各项费用。内容如下：

1）计时工资或计件工资：是指按计时工资标准和工作时间或对已做工作按计件单价支付给个人的劳动报酬。

2）奖金：是指对超额劳动和增收节支支付给个人的劳动报酬，如节约奖、劳动竞赛奖等。

3）津贴和补贴：是指为了补偿职工特殊或额外的劳动消耗和因其他特殊原因支付给个人的津贴，以及为了保证职工工资水平不受物价影响支付给个人的物价补贴。如流动施工津贴、特殊地区施工津贴、高温（寒）作业临时津贴、高空津贴等。

4）加班加点工资：是指按规定支付的在法定节假日工作的加班工资和在法定日工作时间外延时工作的加点工资。

5）特殊情况下支付的工资：是指根据国家法律、法规和政策规定，因病、工伤、产假、计划生育假、婚丧假、事假、探亲假、定期休假、停工学习、执行国家或社会义务等原因按计时工资标准或计时工资标准的一定比例支付的工资。

（2）材料费。材料费是指施工过程中耗费的原材料、辅助材料、构配件、零件、半成品或成品、工程设备的费用。内容如下：

1）材料原价：是指材料、工程设备的出厂价格或离家供应价格。

2）运杂费：是指材料、工程设备自来源地运至工地仓库或指定堆放地点所发生的全部费用。

3）运输损耗费：是指材料在运输装卸过程中不可避免的损耗。

4）采购及保管费：是指为组织采购、供应和保管材料、工程设备的过程中所需要的各项费用。包括采购费、仓储费、工地保管费、仓储损耗。

工程设备是指构成或计划构成永久工程一部分的机电设备、金属结构设备、仪器装置及其他类似的设备和装置。

（3）施工机具使用费。施工机具使用费是指施工作业所发生的施工机械、仪器仪表使用费或其租赁费。该费用

1）施工机械使用费，以施工机械台班耗用量乘以施工机械台班单价表示，施工机械台班单价应由下列七项费用组成：

a. 折旧费：是指施工机械在规定的使用年限内，陆续收回其原值的费用。

b. 大修理费：是指施工机械按规定的大修理间隔台班进行必要的大修理，以恢复其正常功能所需的费用。

c. 经常修理费：是指施工机械除大修理以外的各级保养和临时故障排除所需的费用。包括为保障机械正常运转所需替换设备与随机配备工具附具的摊销和维护费用，机械运转中日常保养所需润滑与擦拭的材料费用及机械停滞期间的维护和保养费用等。

d. 安拆费及场外运费：安拆费指施工机械（大型机械除外）在现场进行安装与拆卸所需的人工、材料、机械和试运转费用，以及机械辅助设施的折旧、搭设、拆除等费用。场外运费指施工机械整体或分体自停放地点运至施工现场或由一施工地点运至另一施工地点的运输、装卸、辅助材料及架线等费用。

e. 人工费：是指机上司机（司炉）和其他操作人员的人工费。

f. 燃料动力费：是指施工机械在运转作业中所消耗的各种燃料及水、电等。

g. 税费：是指施工机械按照国家规定应缴纳的车船使用税、保险费及年检费等。

2）仪器仪表使用费，是指工程施工所需使用的仪器仪表的摊销及维修费用。

（4）企业管理费。企业管理费是指建筑安装企业组织施工生产和经营管理所需的费用。内容如下：

1）管理人员工资：是指按规定支付给管理人员的计时工资、奖金、津贴补贴、加班加点工资及特殊情况下支付的工资等。

2）办公费：是指企业管理办公用的文具、纸张、账表、印刷、邮电、书报、办公软件、现场监控、会议、水电、烧水和集体取暖降温（包括现场临时宿舍取暖降温）等费用。

3）差旅交通费：是指职工因公出差、调动工作的差旅费、住勤补助费，市内交通费和误餐补助费，职工探亲路费，劳动力招募费，职工退休、退职一次性路费，工伤人员就医路费，工地转移费以及管理部门使用的交通工具的油料、燃料等费用。

4）固定资产使用费：是指管理和试验部门及附属生产单位使用的属于固定资产的房屋、设备、仪器等的折旧、大修、维修或租赁费。

5）工具用具使用费：是指企业施工生产和管理使用的不属于固定资产的工具、器具、家具、交通工具和检验、试验、测绘、消防用具等的购置、维修和摊销费。

6）劳动保险和职工福利费：是指由企业支付的职工退职金、按规定支付给离休干部的经费、集体福利费、夏季防暑降温、冬季取暖补贴、上下班交通补贴等。

7）劳动保护费：是指企业按规定发放的劳动保护用品的支出。如工作服、手套、防暑降温饮料以及在有碍身体健康的环境中施工的保健费用等。

8）检验试验费：是指施工企业按照有关标准规定，对建筑以及材料、构件和建筑安装物进行一般鉴定、检查所发生的费用，包括自设试验室进行试验所耗用的材料等费用。不包括新结构、新材料的试验费，对构件做破坏性试验及其他特殊要求检验试验的费用和建设单位委托检测机构进行检测的费用，对此类检测发生的费用，由建设单位在工程建设其他费用中列支。但对施工企业提供的具有合格证明的材料进行检测，其结果不合格的，该检测费用由施工企业支付。

9）工会经费：是指企业按《中华人民共和国工会法》规定的全部职工工资总额比例计提的工会经费。

10）职工教育经费：是指按职工工资总额的规定比例计提，企业为职工进行专业技术和职业技能培训，专业技术人员继续教育、职工职业技能鉴定、职业资格认定以及根据需要对职工进行各类文化教育所发生的费用。

11）财产保险费：是指施工管理用财产、车辆等的保险费用。

12）财务费：是指企业为施工生产筹集资金或提供预付款担保、履约担保、职工工资支付担保等所发生的各种费用。

13）税金：是指企业按规定缴纳的房产税、车船使用税、土地使用税、印花税等。

14）城市维护建设税：是指为了加强城市的维护建设，扩大和稳定城市维护建设资金的来源，规定凡缴纳消费税、增值税、营业税的单位和个人，都应当依照规定缴纳城市维护建设税。城市维护建设税税率如下：

a. 纳税人所在地在市区的，税率为7%。

b. 纳税人所在地在县城、镇的，税率为5%。

c. 纳税人所在地不在市区、县城或镇的，税率为 1%。

15）教育费附加：是对缴纳增值税、消费税、营业税的单位和个人征收的一种附加费。其作用是为了发展地方性教育事业，扩大地方教育经费的资金来源。以纳税人实际缴纳的增值税、消费税、营业税的税额为计费依据，教育费附加的征收率为 3%。

16）地方教育附加：按照《关于统一地方教育附加政策有关问题的通知》（财综〔2010〕98 号）要求，各地统一征收地方教育附加，地方教育附加征收标准为单位和个人实际缴纳的增值税、营业税和消费税税额的 2%。

17）其他：包括技术转让费、技术开发费、投标费、业务招待费、绿化费、广告费、公证费、法律顾问费、审计费、咨询费、保险费等。

（5）利润。利润是指施工企业完成所承包工程获得的盈利。

（6）规费。规费是指按国家法律、法规规定，由省级政府和省级有关权力部门规定必须缴纳或计取的费用。具体如下：

1）社会保险费。

a. 养老保险费：是指企业按照规定标准为职工缴纳的基本养老保险费。

b. 失业保险费：是指企业按照规定标准为职工缴纳的失业保险费。

c. 医疗保险费：是指企业按照规定标准为职工缴纳的基本医疗保险费。

d. 生育保险费：是指企业按照规定标准为职工缴纳的生育保险费。

e. 工伤保险费：是指企业按照规定标准为职工缴纳的工伤保险费。

2）住房公积金，是指企业按规定标准为职工缴纳的住房公积金。

其他应列而未列入的规费，按实际发生计取。

（7）税金。建筑安装工程费用的税金是指国家税法规定应计入建筑安装工程造价内的增值税销项税额。增值税是以商品（含应税劳务）在流转过程中产生的增值额作为计税依据而征收的一种流转税。从计税原理上说，增值税是对商品生产、流通、劳务服务中多个环节的新增价值或商品的附加值征收的一种流转税。

**2. 按造价形成划分的建筑安装工程费用项目组成**

建筑安装工程费按照工程造价形成由分部分项工程费、措施项目费、其他项目费、规费、税金组成，分部分项工程费、措施项目费、其他项目费包含人工费、材料费、施工机具使用费、企业管理费和利润，如图 5.3 所示。

（1）分部分项工程费。分部分项工程费是指各专业工程的分部分项工程应予列支的各项费用。

1）专业工程：是指按现行国家计量规范划分的房屋建筑与装饰工程、仿古建筑工程、通用安装工程、市政工程、园林绿化工程、矿山工程、构筑物工程、城市轨道交通工程、爆破工程等各类工程。

2）分部分项工程：是指按现行国家计量规范对各专业工程划分的项目。如房屋建筑与装饰工程划分的土石方工程、地基处理与桩基工程、砌筑工程、钢筋及钢筋混凝土工程等。

各类专业工程的分部分项工程划分见现行国家标准或行业计量规范。

（2）措施项目费。措施项目费是指为完成建设工程施工，发生于该工程施工前和施工

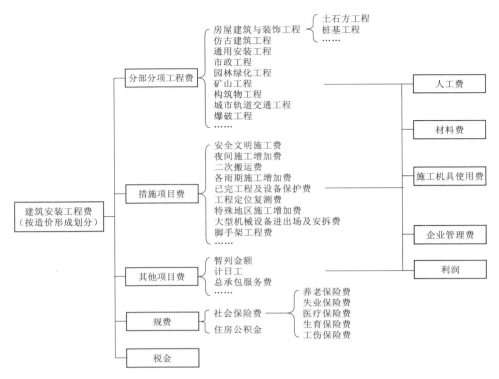

图 5.3    按造价形成划分的建筑安装工程费用项目组成

过程中的技术、生活、安全、环境保护等方面的费用。内容如下：

1）安全文明施工费。

a. 环境保护费：是指施工现场为达到环保部门要求所需要的各项费用。

b. 文明施工费：是指施工现场文明施工所需要的各项费用。

c. 安全施工费：是指施工现场安全施工所需要的各项费用。

d. 临时设施费：是指施工企业为进行建设工程施工所必须搭设的生活和生产用的临时建筑物、构筑物和其他临时设施费用。包括临时设施的搭设、维修、拆除、清理费或摊销费等。

e. 建筑工人实名制管理费：是指实施建筑工人实名制管理所需的费用。

2）夜间施工增加费：是指因夜间施工所发生的夜班补助费、夜间施工降效、夜间施工照明设备摊销及照明用电等费用。

3）二次搬运费：是指因施工场地条件限制而发生的材料、构配件、半成品等一次运输不能到达堆放地点，必须进行二次或多次搬运所发生的费用。

4）冬雨期施工增加费：是指在冬期或雨期施工需增加的临时设施、防滑、排除雨雪，人工及施工机械效率降低等费用。

5）已完工程及设备保护费：是指竣工验收前，对已完工程及设备采取的必要保护措施所发生的费用。

6）工程定位复测费：是指工程施工过程中进行全部施工测量放线和复测工作的费用。

7）特殊地区施工增加费：是指工程在沙漠或其边缘地区、高海拔、高寒、原始森林等特殊地区施工增加的费用。

8）大型机械设备进出场及安拆费：是指机械整体或分体自停放场地运至施工现场或由一个施工地点运至另一个施工地点，所发生的机械进出场运输及转移费用及机械在施工现场进行安装、拆卸所需的人工费、材料费、机械费、试运转费和安装所需的辅助设施的费用。

9）脚手架工程费：是指施工需要的各种脚手架搭、拆、运输费用以及脚手架购置费的摊销（或租赁）费用。措施项目及其包含的内容详见各类专业工程的现行国家或行业计量规范。

（3）其他项目费用。

1）暂列金额：是指建设单位在工程量清单中暂定并包括在工程合同价款中的一笔款项。用于施工合同签订时尚未确定或者不可预见的所需材料、工程设备、服务的采购，施工中可能发生的工程变更、合同约定调整因素出现时的工程价款调整以及发生的索赔、现场签证确认等的费用。

2）计日工：是指在施工过程中，施工企业完成建设单位提出的施工图纸以外的零星项目或工作所需的费用。

3）总承包服务费：是指总承包人为配合、协调建设单位进行的专业工程发包，对建设单位自行采购的材料、工程设备等进行保管以及施工现场管理、竣工资料汇，总整理等服务所需的费用。

（4）规费。定义同前。

（5）税金。定义同前。

## 5.2.4　工程项目投资的确定

建设项目投资有计划投资和实际投资之分，建设项目投资的确定是指计划投资的计算过程。这个过程从时间的角度，包括项目决策阶段的项目总投资估算文件的编制和设计阶段建设投资总概算文件的编制。

1. 建设前期的投资估算

建设前期的投资估算是指在建设项目前期工作中，结合项目策划、可行性研究和决策，根据建设需求，在明确定义建设项目性质、规模和建设方案的基础上，采用科学的计算方法和切合实际的计价依据，合理确定建设项目的各项建设费用的估算值。这种投资估算，一般是参考同类或类似工程的资料和数据，根据建设项目策划者经验判断，做出相应调整后进行估算，经过可行性研究论证，为投资决策、立项报批和开展后续工作提供依据。

建设投资估算，包括各单位或单项建筑安装工程的投资估算，以及建设项目的总投资估算。其中，这两者的投资估算值，将成为后续工程设计阶段开展初步设计和编制相应工程项目概算投资以及建设总投资的控制目标。

2. 设计阶段的投资概算

建设投资概算是在初步设计或扩大初步设计阶段，由设计单位按照设计要求概略地计算拟建工程从开始立项到交付使用为止的全过程所发生的建设费用的文件，是设计文件的重要组成部分。

（1）设计概算投资的组成体系。建设投资概算又称设计概算，分为单位工程概算、单项工程综合概算、建设项目总概算三级。

1）单位工程概算。单位工程概算分为建筑单位工程概算和设备及安装单位工程概算两大类，它是确定单项工程中各单位工程建设费用的文件，也是编制单项工程综合概算的依据。其中建筑工程概算可分为一般土建工程概算、给水排水工程概算、采暖工程概算、通风工程概算、电器照明工程概算、工业管道工程概算、特殊构筑物工程概算。设备及安装工程概算分为机械设备及安装工程概算、电气设备及安装工程概算。

2）单项工程综合概算。单项工程综合概算是确定一个单项工程所需建设费用的文件，是根据单项工程内各专业单位工程概算汇总编制而成的。综合概算书是建设项目的建筑安装工程建设投资总概算书的组成部分，也是编制建设项目总概算书的基础文件。一般由编制说明和综合概算表两个部分组成。

3）建设项目总概算。建设项目总概算是确定整个建设工程从立项到竣工验收全过程所需费用的文件，它由各单项工程综合概算以及工程建设其他费用和预备费用概算等汇总编制而成。一般由编制说明、总概算表及所含综合概算表、其他工程和费用概算表组成。

设计概算在工程项目的投资控制中具有重要作用：设计概算是国家确定和控制基本建设投资、编制基本建设计划的依据，工程建设项目总概算经有关部门批准后即为工程建设项目总投资的最高限额，一般不得突破；设计概算是对设计方案经济评价与选择的依据，设计人员根据设计概算进行设计方案技术经济分析、多方案评价并优选方案，以提高工程项目设计的经济效果；设计概算为下阶段施工图设计确定了投资控制的目标；在进行概算包干时单项工程综合概算及建设工程总概算是投资包干指标确定的基础，经主管部门批准的设计概算或修正概算是主管单位和包干单位签订包干合同、控制包干数额的依据；最后，设计概算也是项目建设业主单位进行项目核算、建设工程"三算"对比、考核建设项目经济效果的重要依据。

编制设计概算的主要依据是：经批准的有关文件、上级有关文件、指标；工程地质勘测资料；经批准的设计文件；水、电和原材料供应情况；交通运输情况及运输价格；地区工资标准、已批准的材料预算价格及机械台班价格；国家或省市颁发的概算定额或概算指标、建安工程间接费定额、其他有关取费标准；国家或省市规定的其他工程费用指标、机电设备价目表；类似工程概算及技术经济指标。

编制设计概算应掌握的原则：应深入现场进行调查研究；结合实际情况合理确定工程费用；抓住重点环节、严格控制工程概算造价；应全面完整地反映设计内容。

（2）设计概算投资的编制方法。设计概算的基本编制单位是单位工程，单位工程概算编制完成后汇总成单项工程综合概算，进一步汇总综合概算得到建设项目总概算。

编制建筑单位工程概算一般有扩大单价法和概算指标法两种方法，应该根据具体编制条件、依据和要求的不同适当选取。

1）扩大单价法。首先根据概算定额编制出扩大单位估价表（概算定额基价）。扩大单位估价表是确定单位工程中各个扩大分部分项工程或完整的结构构件所需的全部材料费、人工费、施工机械使用费之和的文件。将扩大分部分项工程的工程量乘以扩大单位估价进行计算。其中工程量的计算必须按定额中规定的各个分部分项工程内容遵循定额中规定的计量单位、工程量计算规则及方法来进行。具体的编制步骤是：根据初步设计图纸和说明书按概算定额中划分的项目计算工程量；根据计算的工程量套用相应的扩大单位估价，计算出材料费、人工费、施工机械使用费三者之和；根据有关取费标准计算其他直接费、现场经费、间接费、利润和税金，将上述各项费用累加，其和就是建筑工程概算造价。

用扩大单价法编制建筑工程概算比较精确，但计算工作量比较大。当初步设计达到一定深度、建筑结构比较明确时可采用这种方法编制建筑工程概算。

2）概算指标法。由于设计深度不够等原因对一般附属、辅助和服务工程等项目以及住宅和文化福利工程项目或投资比较小、比较简单的工程项目可采用概算指标法编制概算。当设计对象的结构特征符合概算指标的结构特征时可直接用概算指标编制概算。其具体编制过程是：根据概算指标计算人工费、材料费、施工机械使用费即直接费，再计算其他直接费、现场经费、间接费、利润、税金及概算单价（各项费用计算方法与用概算定额编制概算相同，概算单价为各项费用之和）。当设计对象结构特征与概算指标采用的结构特征有局部差别时，可用修正后的概算指标，再根据已计算的建筑面积或建筑体积乘以修正后的概算指标及单位价值算出工程概算价格。

设备及安装工程分为机械设备及安装工程和电气设备及安装工程两部分。设备及安装工程的概算由设备购置费和安装工程费两部分组成。当初步设计有详细的设备清单时可以直接按照预算定额单价来编制设备及安装工程的概算，也就是用计算的设备安装工程量乘以安装工程预算单价汇总求得概算价格。用预算单价法直接编制概算精确性较高；当初步设计的设备清单不完备，或仅有成套设备的重量时，可采用主体设备成套设备或工艺线的综合扩大安装单价编制概算。当初步设计的设备清单不完备或安装预算单价及扩大综合单价不全，无法采用预算单价法和扩大单价法时，可采用概算指标编制概算。

### 5.2.5　工程项目投资的控制

建设项目投资控制是业主方项目管理的任务，贯穿于建设项目实施的全过程，包括勘测设计、招标采购、施工安装和竣工验收等各个阶段。

1. 主要内容

建设项目总投资的构成，主要费用安排是在工程建设投资方面。因此，对业主方的建设投资控制而言，主要途径是对各单项或单位工程的造价控制、土地购置与动拆迁、开发等费用的控制，以及建设投资的融资成本和建设单位组织建设的管理费用的控制等，以达到控制项目总投资的目的。

（1）建筑安装工程费的控制。主要通过建设项目规划设计总体方案和各单项单位工程设计的优化，在保证使用功能、生产工艺先进合理的前提下，分阶段进行概算投资、合同价格和结算价格的确定与控制。

建筑安装工程费由直接费、间接费、利润和税金组成，具体如下：

a. 直接费：由直接工程费和措施费组成。

直接工程费：包含人工费、材料费、施工机械使用费、其他直接费、现场经费等。

措施费包含环境保护费，文明施工费，安全施工费，临时设施费，夜间施工增加费，材料二次搬运费，工程定位复测、室内环境污染物检测费，生产工具用具使用费，施工因素增加费，赶工措施费，大型机械进出厂及安拆费，混凝土、钢筋混凝土模板及支架费，脚手架费，已完工程及设备保护费，施工排水降水费，垂直运输机械费（指施工需要的各种垂直运输机械的台班费用）等。

b. 间接费：由规费和企业管理费组成。

规费：包含工程排污费、工程定额测定费、社会保障费、住房公积金、危险作业意外伤害保险等。

企业管理费：包含管理人员工资、差旅交通费、办公费、固定资产使用费、工具用具使用费、工会经费、职工教育经费、财产保险费、财务费、税金、其他等。

c. 利润：是指施工企业完成所承包工程应获得的盈利。

d. 税金：是指国家税法规定的应计入建筑安装工程造价内的营业税、城乡维护建设税和教育费附加。

（2）设备及工器具购置费控制。设备及工器具购置费用在建设投资中占有较大的比重，设备包括建筑设备和生产设备，尤其是生产性建设项目，设备费用高达 70%。这部分投资同样需要在优化建设方案和工程设计的基础上，确定投资目标和费用安排，通过设备选型、询价、采购、验收、保管和合同管理等环节有效控制投资。

（3）工程项目融资成本控制。建设项目是业主进行固定资产投资建设、发展其实体经济或事业的举措和手段，需要的资金数额大、建设周期长，贷款利息以及其他形式融资的成本高。因此，合理的融资方案和资金使用计划的编制，加强资金使用的管理、调度与控制，会对项目投资产生重要影响，同时也是构成建设项目投资控制不可忽视的内容。

（4）工程建设其他费用控制。这类费用的控制，首先应该根据建设方案，参照类似建设项目的相关资料和经验，逐项进行费用估算，经项目可行性研究论证批准后，作为建设项目其他费用投资估算的控制目标。其次在建设项目管理机构建立后，由项目计划财务部门编制相应的其他费用概算指标和使用计划。最后通过项目投资管理制度和资金使用审批程序等的贯彻执行，落实到各相关业务部门进行控制、核算和考核评价。

2. 基本方法

工程项目投资控制的基本方法，就是按照总投资目标分解，抓住设计阶段控制投资的关键环节，实行全程跟踪、三算两对比分析、动态控制。

（1）工程项目投资总目标的分解。在建设项目总投资估算阶段，按照总投资的费用构成分别估算汇总，经可行性研究论证、决策批准之后，在建设项目总体规划和初步设计阶段，对项目总投资进行调整平衡，形成分系统、分单位或单项工程的概算投资，作为后续各阶段相应项目或部位的投资控制目标。因此，这一过程的基本程序是"分类估算—汇总合成—决策论证—调整平衡—目标细化"。当然，总投资目标按单位单项工程细化分解过程，实质上就是依据初步设计成果，对其初始估算值进行概算投资的调整平衡，并结合建设项目实施部署对项目结构分解提出要求。

（2）动态控制方法的应用。工程项目管理理论强调动态控制是项目目标控制的基本方法论。动态控制的基本思想是：①预先确定项目的建设投资计划值，落实控制措施和相关责任；②跟踪项目实施过程，收集工程进展状况和实际投资数据；③将相应的投资实际值与目标计划值进行比较，发现有无偏差；④分析偏差产生的原因和控制条件，采取相应的有效纠偏措施；⑤落实纠偏措施，继续跟踪控制，并分析和评价措施的有效性；⑥重复必上过程，循环推进。

需要特别注意的是，项目投资动态控制采用"投资实际值与计划目标值进行比较"的方法，这里的投资实际值并非项目最终决算的投资值，而是在投资管理过程中，按照"前虚后实"的关系，把基于前一阶段工作成果计算出的投资值作为计划目标值，把基于后续深化工作成果计算出的投资值作为相对的实际值，反映各个阶段投资控制的相对成果和偏差，从而揭示项目投资控制能力和控制状态。

在工程项目管理实践中，通常把投资控制的动态方法称为"三算两对比"分析法，三算对比是指项目的预算投资和概算投资的对比以及决算投资与预算投资的对比。前者反映项目初步设计或扩大初步设计所形成的概算投资，在施工图设计阶段执行控制的结果，一般情况下概算投资一经审批，施工图设计预算投资必须控制在概算投资目标值的范围内。后者反映工程项目招标采购和施工阶段执行预算投资目标的控制结果。需要说明的是，在建设工程实行招投标的情况下，有的项目省去施工图预算的编制，直接以承发包合同价取代施工图预算进行两算对比和三算分析，固然在做法上有类似的控制效果，但存在着无法正确反映施工图设计过程执行投资控制优化设计的努力。同时，施工图设计预算是反映同类同质工程产品的社会平均消耗水平，它对于建设单位控制工程项目的标底价格和中标施工单位确定项目经理责任的成本目标都是不可或缺的基本依据。

对比结果的分析包括预算投资与概算投资差异的原因分析，决算投资与预算投资差异的原因分析，以及在决算投资超预算时，分析决算投资是否超概算投资及其差异原因，总结投资控制的基本经验和存在的问题，为今后的项目投资管理提供借鉴。

（3）加强设计管理。工程项目管理理论强调设计阶段是投资控制的最重要阶段，控制的可能性要达到90%，这是因为设计工作是根据业主的建设需求和建设意图，通过设计创意和技术的应用具体确定建设蓝图，设计费用虽然只占建设项目全寿命费用的很小比例，但却基本决定了建设项目以后阶段的全部费用。设计完成后，设计成果成为确定施工任务和标准的依据，这时工程的范围和规格标准变更的可能性就会很小，而且工程项目一旦进入施工阶段后期，控制投资的可能性几乎没有。

在设计阶段进行投资控制就是用批准的投资估算来控制初步设计，在初步设计阶段编制设计概算（有技术设计阶段的还要编制修正概算），用设计概算（或修正概算）控制施工图设计，在施工图设计阶段还要编制施工图预算。这样就形成了用估算控制概算、用概算控制预算的完整的动态控制过程。除此之外，设计阶段的投资控制还要采用各种有效的方法和措施来提高设计的经济合理性，降低工程项目的全寿命周期费用，这些方法和措施包括推行标准设计、推行限额设计、进行价值工程分析等。

建设项目概算投资是在初步设计或扩大初步设计的基础上形成的，也是通过进一步深化建设方案对项目前期确定的估算投资控制的结果。因此，经过批准的建设项目概算投资将成为建设项目整个实施阶段投资控制的最高目标，在无特殊条件变化的情况下，概算总投资不得随意突破。

（4）实施建筑安装工程造价管理。如前所述，建设工程设计阶段是投资控制的关键性环节，但设计阶段基于设计文件所进行的投资计算均属于事前的投资确定，真正的投资执行是在建设工程的招标采购和施工阶段，直至各项建筑安装工程的最终结算和决算之后才形成投资的实际值。因此，加强建设项目各单项及单位建筑安装工程的造价管理就成为落实建设投资控制的主要途径，投资管理和造价管理是相辅相成的两个方面，前者是从整个建设项目的角度，按照建设投资的构成进行费用的计划和总体控制；后者则在总投资及其分解目标的约束下，从各项建筑安装工程的造价管理角度进行具体落实和控制，它们之间构成了整个工程项目的费用管理格局。

# 任务5.3　工程项目造价管理

学习和研究工程造价管理的理论知识和实践经验，需要正确把握工程造价的基本概念，工程造价的费用构成范围，工程招投标及合同造价的确定过程，以及工程项目实施过程的造价控制方法、费用结算与支付业务的相关规定等。

## 5.3.1　工程项目造价管理概念

工程项目造价管理是运用科学、技术原理和方法，在统一目标、各负其责的原则下，为确保建设工程的经济效益和有关各方面的经济权益而对建设工程造价及建安工程价格所进行的全过程、全方位的符合政策和客观规律的全部业务行为和组织活动。

## 5.3.2　工程造价管理的含义

工程造价管理主要包含工程建设投资费用管理和工程价格管理。工程造价计价依据的管理和工程造价专业队伍建设的管理则是为这两种管理服务的。

### 1. 工程建设投资费用管理

建设工程的投资费用管理属于工程建设投资管理范畴，是指为了实现投资的预期目标，在撰写的规划、设计方案的条件下，预测、计算、确定和监控工程造价及其变动的系统活动。

### 2. 工程价格管理

工程价格管理，属于价格管理范畴。在微观层次上，是生产企业在掌握市场价格信息的基础上，为实现管理目标而进行的成本控制、计价、定价和竞价的系统活动。在宏观层次上，是政府根据社会经济的要求，利用法律手段、经济手段和行政手段对价格进行管理和调控，以及通过市场管理规范市场主体价格行为的系统活动。

## 5.3.3　工程造价管理的意义

工程造价管理是运用科学、技术原理和方法，在统一目标、各负其责的原则下，为确保建设工程的经济效益和有关各方面的经济权益而对建筑工程造价管理及建安工程价格所进行的全过程、全方位的符合政策和客观规律的全部业务行为和组织活动。建筑工程造价管理是一个项目投资的重要环节。

　　我国是一个资源相对缺乏的发展中国家，为了保持适当的发展速度，需要投入更多的建设资金，而筹措资金很不容易也很有限。因此，从这一基本国情出发，如何有效地利用投入建设工程的人力、物力、财力，以尽量少的劳动和物质消耗，取得较高的经济和社会效益，保持我国国民经济持续、稳定、协调发展，就成为十分重要的问题。

### 5.3.4　工程造价概述

　　根据住房和城乡建设部发布的国家标准 GB/T 50875—2013《工程造价术语标准》，工程造价（Project Costs，PC）是指构成项目在建设期预计或实际支出的建设费用。

　　综合运用管理学、经济学和工程技术等方面的知识与技能，对工程造价进行预测、计划、控制、核算、分析和评价等的工作过程被称为工程造价管理（Project Cost Management，PCM）。按照法律法规和标准等规定的程序、方法和依据，对工程造价及其构成内容进行的预测或确定被称为工程计价（Construction Pricing or Estimating，CPE），工程计价依据（Basis for Estimate of Project Cost，BEPC）包括与计价内容、计价方法和价格标准相关的工程计量计价标准、工程计价定额及工程造价信息等。工程造价包含以下两种含义：

　　（1）工程造价是指进行某项工程建设花费的全部费用，即该工程项目有计划地进行固定资产再生产、形成相应无形资产和铺底流动资金的一次性费用总和。显然，这一含义是从投资者，即业主的角度来定义的。投资者选定一个项目后，就要通过项目评估进行决策，然后进行设计招标、工程招标，直到竣工验收等一系列投资管理活动。在投资活动中所支付的全部费用形成了固定资产和无形资产。所有这些开支就构成了工程造价。从这个意义上说，工程造价就是工程投资费用，建设项目工程造价就是建设项目固定资产投资。

　　（2）工程造价是指工程价格，即为建成一项工程，预计或实际在土地市场、设备市场、技术劳务市场等交易活动中所形成的建筑安装工程的价格和建设工程总价格。显然，工程造价的第二种含义是以社会主义商品经济和市场经济为前提。它以工程这种特定的商品形成作为交换对象，通过招投标、承发包或其他交易形成，在进行多次性预估的基础上，最终由市场形成的价格。通常是把工程造价的第二种含义认定为工程承发包价格。

### 5.3.5　工程造价职能

#### 1. 评价职能

　　工程造价是评价总投资和分项投资合理性和投资效益的主要依据之一。在评价土地价格、建筑安装产品和设备价格的合理性时，就必须利用工程造价资料，在评价建设项目偿贷能力、获利能力和宏观效益时，也可依据工程造价。工程造价也是评价建筑安装企业管理水平和经营成果的重要依据。

#### 2. 调控职能

　　国家对建设规模、结构进行宏观调控是在任何条件下都不可或缺的，对政府投资项目进行直接调控和管理也是必需的。这些都要用工程造价为经济杠杆，对工程建设中的物资消耗水平、建设规模、投资方向等进行调控和管理。

3. 预测职能

无论投资者或是建筑商都要对拟建工程进行预先测算。投资者预先测算工程造价不仅可以作为项目决策依据，同时也是筹集资金、控制造价的依据。承包商对工程造价的预算，既为投标决策提供依据，也为投标报价和成本管理提供依据。

4. 控制职能

工程造价的控制职能表现在两方面：一方面是它对投资的控制，即在投资的各个阶段，根据对造价的多次性预算和评估，对造价进行全过程多层次的控制；另一方面，是对以承包商为代表的商品和劳务供应企业的成本控制。

### 5.3.6  工程造价的形式

如图 5.4 所示为工程造价各阶段主要内容，根据工程不同的建设阶段，工程造价具有不同的形式。

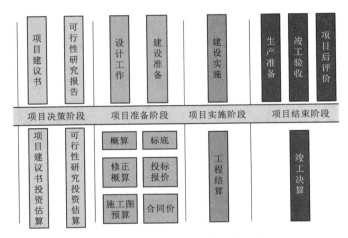

图 5.4  工程造价各阶段主要内容

1. 投资估算

投资估算是指在投资决策过程中，建设单位或建设单位委托的咨询机构根据现有的资料，采用一定的方法，对建设项目未来发生的全部费用进行预测和估算。

2. 设计概算

设计概算是指在初步设计阶段，在投资估算的控制下，由设计单位根据初步设计或扩大设计图纸及说明、概预算定额、设备材料价格等资料，编制确定的建设项目从筹建到竣工交付生产或使用所需全部费用的经济文件。

3. 修正概算

在技术设计阶段，随着对建设规模、结构性质、设备类型等方面进行修改、变动，初步设计概算也作相应调整，即为修正概算。

4. 施工图预算

施工图预算是指在施工图设计完成后，工程开工前，根据预算定额、费用文件计算确定建设费用的经济文件。

5. 工程结算

工程结算是指承包方按照合同约定，向建设单位办理已完工程价款的清算文件。

6. 竣工决算

建设工程竣工决算是由建设单位编制的反映建设项目实际造价文件和投资效果的文件，是竣工验收报告的重要组成部分，是基本建设项目经济效果的全面反映，是核定新增固定资产价值，办理其交付使用的依据。

### 5.3.7   工程造价的特点

由于工程建设的特点，工程造价有以下特点。

1. 工程造价的大额性

能够发挥投资效用的任一项工程，不仅实物形体庞大，而且造价高昂。动辄数百万、数千万、数亿、十数亿，特大的工程项目造价可达百亿、千亿元人民币。工程造价的大额性使它关系到有关各方面的经济利益，同时也会对宏观经济产生重大影响。这就决定了工程造价的特殊地位，也说明了造价管理的重要意义。

2. 工程造价的个别性、差异性

任何一项工程都有特定的用途、功能、规模。因此对每一项工程的结构、造型、空间分割、设备配置和内外装饰都有具体的要求，所以工程内容和实物形态都具有个别性、差异性。产品的差异性决定了工程造价的个别性差异、同时每项工程所处地区、地段都不相同，使这一特点得到强化。

3. 工程造价的动态性

任一项工程从决策到竣工交付使用，都有一个较长的建设期，而且由于不可控因素的影响，在预计工期内，许多影响工程造价的动态因素，如工程变更，设备材料价格，工资标准以及费率、利率、汇率会发生变化。这种变化必然会影响到造价的变动。所以，工程造价在整个建设期中处于不确定状态，直至竣工决算后才能最终确定工程的实际造价。

4. 工程造价的层次性

造价的层次性取决于工程的层次，一个工程项目往往含有多项能够独立发挥设计效能的单项工程（车间、写字楼、住宅楼等）。一个单项工程又是由能够各自发挥专业效能的多个单位工程（土建工程、电气安装工程等）组成。与此相适应，工程造价有 3 个层次：建设项目总造价、单项工程造价和单位工程造价。如果专业分工更细，单位工程（如土建工程）的组成部分——分部分项工程也可以成为交换对象，如大型土方工程、基础工程、装饰工程等，这样工程造价的层次就增加分部工程和分项工程而成为 5 个层次。即使从造价的计算和工程管理的角度看，工程造价的层次性也是非常突出的。

5. 工程造价的兼容性和复杂性

工程造价的兼容性首先表现在它具有两种含义，其次表现在造价构成因素的广泛性和复杂性。在工程造价中，首先是成本因素非常复杂。其中为获得建设工程用地支出的费用、项目可研和规划设计费用、与政府一定时期政策（特别是产业政策和税收政策）相关的费用占有相当的份额。再次，盈利的构成也较为复杂，资金成本较大。

### 5.3.8 工程造价的作用

工程造价涉及到国民经济各部门、各行业，涉及社会再生产中的各个环节，也直接关系到人民群众的生活和城镇居民的居住条件，所以它的作用范围和影响程度都很大。其作用主要有以下几点：

**1. 建设工程造价是项目决策的工具**

建设工程投资大、生产和使用周期长等特点决定了项目决策的重要性。工程造价决定着项目的一次投资费用。投资者是否有足够的财务能力支付这笔费用，是否认为值得支付这项费用，是项目决策中要考虑的主要问题。财务能力是一个独立的投资主体必须首先要解决的。如果建设工程的价格超过投资者的支付能力，就会迫使他放弃拟建的项目；如果项目投资的效果达不到预期目标，他也会自动放弃拟建的工程。因此在项目决策阶段，建设工程造价就成为项目财务分析和经济评价的重要依据。

**2. 建设工程造价是制定投资计划和控制投资的有效工具**

投资计划是按照建设工期、工程进度和建设工程价格等逐年分月加以制定的。正确的投资计划有助于合理和有效地使用资金。

工程造价在控制投资方面的作用非常明显。工程造价是通过多次性预估，最终通过竣工决算确定下来的。每一次预估的过程就是对造价的控制过程；而每一次估算对下一次估算又都是对造价严格的控制，具体说后一次估算不能超过前一次估算的一定幅度。这种控制是在投资者财务能力的限度内为取得既定的投资效益所必需的。建设工程造价对投资的控制也表现在利用制定各类定额、标准和参数，对建设工程造价的计算依据进行控制。在市场经济利益风险机制的作用下，造价对投资控制作用成为投资的内部约束机制。

**3. 建设工程造价是筹集建设资金的依据**

投资体制的改革和市场经济的建立，要求项目的投资者必须有很强的筹资能力，以保证工程建设有充足的资金供应。工程造价基本决定了建设资金的需要量，从而为筹集资金提供了比较准确的依据，当建设资金来源于金融机构的贷款时，金融机构在对项目的偿贷能力进行评估的基础上，也需要依据工程造价来确定给予投资者的贷款数额。

**4. 建设工程造价是合理利益分配和调节产业结构的手段**

工程造价的高低，涉及国民经济各部门和企业间的利益分配。在计划经济体制下，政府为了用有限的财政资金建成更多的工程项目，总是趋向压低建设工程造价，使建设中的劳动消耗得不到完全补偿，价值不能得到完全实现。而未被实现的部分价值则被重新分配到各个投资部门，为项目投资者所占有。这种利益的再分配有利各产业部门按照政府的投资导向加速发展，也有利于按宏观经济的要求调整产业结构。但是也会严重损害建筑等相关企业的利益，造成建筑业萎缩和建筑企业长期亏损的后果，从而使建筑业的发展长期处于落后状态，和整个国民经济发展不相适应。在市场经济中，工程造价也无例外地受供求状况的影响，并在围绕价值的波动中实现对建设规模、产业结构和利益分配的调节。加上政府正确的宏观调控和价格政策导向，工程造价这方面的作用会充分发挥出来。

**5. 工程造价是评价投资效果的重要指标**

建设工程造价是一个包含着多层次工程造价的体系，就一个工程项目来说，它既是建设项目的总造价，又包含单项工程的造价和单位工程的造价，同时也包含单位生产能力的造价，或一个平方米建筑面积的造价等，这些使工程造价自身形成了一个指标体系。所以它能够为评价投资效果提供出多种评价指标，并能够形成新的价格信息，为今后类似项目的投资提供参照系。

### 5.3.9　影响建设工程价格发生作用的因素

影响建设工程价格作用正常发挥的主要因素有以下方面：

（1）在理论认识上受传统观念的束缚，不承认在建设领域商品交换关系的普遍存在，导致对价格作用的严重忽视和采用过多的行政干预。

（2）长期单一计划经济体制和单一财政投资渠道，使工程造价管理的范围局限在占全社会固定资产投资不到 10％的政府投资项目上。价格的价值基础受到严重忽略。

（3）工程造价虽属生产领域价格的范畴，但不能割断它和流通领域的关系，建立合理的生产领域和流通领域价格的差价关系是充分发挥价格作用的必要条件。割断建设工程造价与流通领域价格的联系，影响它的调节作用和分配作用的发挥。

（4）建设工程造价信息自身具有封闭性，但缺乏信息加工和传递更加大了这一缺陷，使价格这方面的作用受到削弱。

（5）投资主体责任制尚未完全形成，工程造价在项目决策和控制投资方面的作用也受到削弱。

归结起来，传统的观念和旧的体制束缚仍然是充分发挥建设工程价格作用的主要障碍，而克服上述障碍的根本途径是完善我国社会主义市场经济，加大改革的力度。

### 5.3.10　工程造价的计价特征

工程造价的特点决定了工程造价的计价特征。了解这些特征，对工程造价的确定与控制是非常必要的。它也涉及到与工程造价相关的一些概念。

1. 单件性计价特征

产品的个体差别性决定每项工程都必须单独计算造价。

2. 多次性计价特征

由于建设工程周期长、规模大、造价高，因此按建设程序要分阶段进行，相应地也要在不同阶段多次性计价，以保证工程造价确定与控制的科学性。多次性计价是个逐步深化、逐步细化和逐步接近实际造价的过程。主要包括以下内容：

（1）投资估算。在编制项目建议书和可行性研究阶段，对投资需要量进行估算是一项不可缺少的组成内容。投资估算是指在项目建议书和可研阶段对拟建项目所需投资，通过编制估算文件预计测算和确定的过程。也可表示估算出的建设项目的投资额，或称估算造价。就一个工程项目来说，如果项目建议书和可行性研究分不同阶段，例如分规划阶段、项目建议书阶段、可行性研究阶段、评审阶段，相应的投资估算也分为 4 个阶段。投资估算是决策、筹资和控制造价的主要依据。

（2）概算造价。指在初步设计阶段，根据设计意图，通过编制工程概算文件预先测算和确定的工程造价。概算造价较投资估算造价准确度有所提高，但它受估算造价的控制。

概算造价的层次性十分明显，分建设项目概算总造价、各个单项工程概算综合造价、各单位工程概算造价。

（3）修正概算造价。指在采用三阶段设计的技术设计阶段，根据技术设计的要求，通过编制修正概算文件预先测算和确定的工程造价。它对初步设计概算进行修正调整，比概算造价准确，但受概算造价控制。

（4）预算造价。指在施工图设计阶段，根据施工图纸通过编制预算文件，预先测算和确定的工程造价。它比概算造价或修正概算造价更为详尽和准确。但同样要受前一阶段所确定的工程造价的控制。

（5）合同价。指在工程招投标阶段通过签订总承包合同、建筑安装工程承包合同、设备材料采购合同，以及技术和咨询服务合同确定的价格。合同价属于市场价格的性质，它是由承发包双方，即商品和劳务买卖双方根据市场行情共同议定和认可的成文价格，但它并不等同于实际工程造价，按计价方法不同，建设工程合同有许多类型。不同类型合同的合同价内涵也有所不同。按相关规定，合同价分为固定合同价、可调合同价和工程成本加酬金确定合同价三种形式。

（6）结算价。是指在合同实施阶段，在工程结算时按合同调价范围和调价方法，对实际发生的工程量增减、设备和材料价差等进行调整后计算和确定的价格。结算价是该结算工程的实际价格。

（7）实际造价。是指竣工决算阶段，通过为建设项目编制竣工决算，最终确定的实际工程造价。

以上说明，多次性计价是一个由粗到细、由浅入深、由概略到精确的计价过程，也是一个复杂而重要的管理系统。

3. 组合性计价

工程造价的计算是分部组合而成。这一特征和建设项目的组合性有关。一个建设项目是一个工程综合体，这个综合体可以分解为许多有内在联系的独立和不能独立工程。建设项目的这种组合性决定了计价的过程是一个逐步组合的过程。这一特征在计算概算造价和预算造价时尤为明显，所以也反映到合同价和结算价。其计算过程和计算顺序是：分部分项工程单价→单位工程造价→单项工程造价→建设项目总造价。

4. 方法的多样性特征

适应多次性计价有各不相同的计价依据，以及对造价的不同精确度要求，计价方法有多样性特征。计算和确定概、预算造价有两种基本方法，即单价法和实物法。计算和确定投资估算的方法有设备系数法、生产能力指数估算法等。不同的方法利弊不同，适应条件也不同，所以计价时要加以选择。

5. 依据的复杂性特征

由于影响造价的因素多、计价依据复杂，种类繁多。主要可分为以下 7 类：

（1）计算设备和工程量依据。包括项目协议书、可行性研究报告、设计文件等。

（2）计算人工、材料、机械等实物消耗量依据。包括投资估算指标、概算定额、预算定额等。

（3）计算工程单价的价格依据。包括人工单价、材料价格、材料运杂费、机械台班费等。

（4）计算设备单价依据。包括设备原价、设备运杂费、进口设备关税等。

（5）计算其他直接费、清场经费、间接费和工程建设其他费用依据，主要是相关的费用定额和指标。

（6）政府规定的税、费。

（7）物价指数和工程造价指数。

依据的复杂性不仅使计算过程复杂，而且要求计价人员熟悉各类依据，并加以正确利用。

# 任务 5.4　工程项目成本管理

成本管理
和分析

## 5.4.1　工程项目成本管理概念

工程项目成本管理（project cost management），是指承包人为使项目成本控制在计划目标之内所作的预测、计划、控制、调整、核算、分析和考核等管理工作。

项目成本管理就是要确保在批准的预算内完成项目，具体项目要依靠制定成本管理计划、成本估算、成本预算、成本控制四个过程来完成。项目成本管理是在整个项目的实施过程中，为确保项目在已批准的成本预算内尽可能好地完成而对所需的各个过程进行管理。全面的项目成本管理体系应包括两个层次。

1. 组织管理层

负责项目全面成本管理的决策，确定项目的合同价格和成本计划，确定项目管理层的成本目标。

2. 项目经理部

负责项目成本的管理，实施成本控制，实现项目管理目标责任书中的成本目标。

项目经理部的成本管理应包括成本计划、成本控制、成本核算、成本分析和成本考核。

## 5.4.2　管理过程

项目成本管理由一些过程组成，要在预算下完成项目，这些过程是必不可少的。具体如下：

（1）资源计划过程：决定完成项目各项活动需要哪些资源（人、设备、材料）以及每种资源的需要量。

（2）成本估计过程：估计完成项目各活动所需每种资源成本的近似值。

（3）成本预算过程：把估计总成本分配到各具体工作。

（4）成本控制过程：控制项目预算的改变。

以上 4 个过程相互影响、相互作用，有时也与外界的过程发生交互影响，根据项目的具体情况，每一过程由一人或数人或小组完成，在项目的每个阶段，上述过程至少出现一次。

以上过程是分开陈述且有明确界线的，实际上这些过程可能是重选的，相互作用的。

### 5.4.3 实施程序

项目成本管理应遵循下列程序：

(1) 掌握生产要素的市场价格和变动状态。

(2) 确定项目合同价。

(3) 编制成本计划，确定成本实施目标。

(4) 进行成本动态控制，实现成本实施目标。

(5) 进行项目成本核算和工程价款结算，及时收回工程款。

(6) 进行项目成本分析。

(7) 进行项目成本考核，编制成本报告。

(8) 积累项目成本资料。

### 5.4.4 估算方法

**1. 经验估算法**

进行估计的人应有专门知识和丰富的经验，据此提出一个近似的数字。这种方法是一种最原始的方法，还称不上估算，只是一种近似的猜测。它对要求很快拿出一个大概数字的项目是可以的，但对要求详细的估算显然是不能满足要求的。

**2. 因素估算法**

因素估算法是比较科学的一种传统估算方法。它以过去为根据来预测未来，并利用数学知识，根据客观现象内部各因素之间的联系，从已知因素的统计信息来推算未知因素指标的方法。它的基本方法是将客观现象的某项指标分解为若干个影响因素进行演算。

**3. WBS 法**

这种方法即利用 WBS 方法，先把项目任务进行合理的细分，分到可以确认的程度，如某种材料、某种设备、某一活动单元等。然后估算每个 WBS 要素的费用。采用这一方法的前提条件或先决步骤为：①对项目需求作出一个完整的限定；②制定完成任务所必需的逻辑步骤；③编制 WBS 表。

项目需求的完整限定应包括工作报告书、规格书以及总进度表。工作报告书是指实施项目所需的各项工作的叙述性说明，它应确认必须达到的目标。如果有资金等限制，该信息也应包括在内。规格书是对工时、设备以及材料标价的根据。它应该能使项目人员和用户了解工时、设备以及材料估价的依据。总进度表应明确项目实施的主要阶段和分界点，其中应包括长期订货、原型试验、设计评审会议以及其他任何关键的决策点。如果可能，用来指导成本估算的总进度表应含有项目开始和结束的日历时间。

一旦项目需求被勾画出来，就应制定完成任务所必需的逻辑步骤。在现代大型复杂项目中，通常是用箭头图来表明项目任务的逻辑程序，并以此作为下一步绘制 CPM 或 PERT 图以及 WBS 表的根据。编制 WBS 表的最简单方法是依据箭头图。把箭头图上的每一项活动当作一项工作任务，在此基础上再描绘分工作任务。进度表和 WBS 表完成之后，就可以进行成本估算了。在大型项目中，成本估算的结果最后应以下述的报告形式表述：

（1）对每个 WBS 要素的详细费用估算。还应有一个各项分工作、分任务的费用汇总表，以及项目和整个计划的累积报表。

（2）每个部门的计划工时曲线。如果部门工时曲线含有"峰"和"谷"，应考虑对进度表作若干改变，以得到工时的均衡性。

（3）逐月的工时费用总结。当项目费用必须削减时，项目负责人能够利用此表和工时曲线作权衡性研究。

（4）逐年费用分配表。此表以 WBS 要素来划分，表明每年（或每季度）所需费用。此表实质上是每项活动的项目现金流量的总结。

（5）原料及支出预测。它表明供货商的供货时间、支付方式、承担义务以及支付原料的现金流量等。

采用这种方法估算成本需要进行大量的计算，工作量较大，所以只计算本身也需要花费一定的时间和费用。但这种方法的准确度较高，用这种方法作出的这些报表不仅仅是成本估算的表述，还可以用来作为项目控制的依据。最高管理层则可以用这些报表来选择和批准项目，评定项目的优先性。以上介绍了三种成本估算的方法。除此之外，在实践中还可将几种方法结合起来使用。例如，对项目的主要部分进行详细估算，其他部分则按过去的经验或用因素估算法进行估算。

### 5.4.5　工时管理工具

有些项目管理软件支持"自上而下"项目预算及"自下而上"项目支出，实时跟踪项目成本的变化情况，对于超支的情况则以高亮形式自动提醒；提供费用控制功能，可自定义项目或单个事项的费用在某个范围内需要再被审批。

有些项目管理软件提供以下功能，可同时对组织和项目的预算、支出及跟踪进行管理；兼顾一致性与灵活性的费用分类，同时适用于组织和 PMO。

（1）"自上而下"预算与"自下而上"预算。

（2）自动汇总统计不同组织和 PMO 的费用。

（3）工时表和费用报告管理。

（4）订购单和请款单管理。

（5）发票和付款管理。

（6）预算偏差监测和重新预测。

### 5.4.6　工程项目成本控制

#### 1. 工程项目成本控制的定义

以工程项目为对象，以工程项目预算成本为标准，在项目实施建设活动过程中，通过实施组织措施、技术措施、成本控制措施等，对已发生的实际成本进行的发现问题、分析问题、解决问题的动态、科学、有效的管理行为。

**2. 成本控制的特点**

（1）成本控制以成本计划为依据。

（2）项目参加者对项目承担的责任形式决定其成本控制的态度。

（3）成本控制具备综合性特点，其成效是综合考虑和综合工作的结果。

（4）成本控制具有周期性，常按月进行核算、对比、分析，以近期成本为依据开展控制工作。

（5）成本控制需要及时、准确的信息反馈。

**3. 成本控制的分类**

从成本控制系统上分，可分为以下几类：

（1）事前控制是对可能引起项目成本变化因素的控制。

（2）事中控制是项目实施过程中的成本控制。

（3）事后控制是当项目成本发生变动时对于项目成本变化的控制。

**4. 工程项目成本控制的内容**

（1）原则：动态控制原则、主动控制原则。

（2）措施：组织措施、技术措施、成本措施。

（3）依据：成本预算方案、工程执行报告、工程变更资料、工程成本计划。

成本控制方法

**5. 工程项目成本控制的方法**

（1）工程成本报表法。运用工程项目施工过程中形成的各种项目费用的周、旬、月、季或年报表进行分析和成本控制的方法。

（2）偏差分析法。在制定项目成本控制标准的基础上，在实际工作中分析得到实际成本与成本控制标准的偏差，分析偏差产生的原因并采取相应的纠正措施的一种科学方法。

（3）净值法（Earned Value Management，EVM）作为一项先进的项目管理技术，最初是由美国国防部于 1967 年首次确立，到目前为止国际上先进的工程公司已普遍采用净值法进行工程项目成本、进度的综合分析控制。工程项目成本构成如图 5.5 所示。

### 5.4.7 成本核算过程

**1. 人工、材料、机械台班的消耗记录**

项目开工就必须记录完成各工程分项或工作包消耗的人工、材料、机械台班的数量，这是成本核算的基础工作。有些消耗是需要经过分摊才能进入工程分项或工作包的，如在一段时间内几个工作包共用原材料、劳务、设备，则必须按照实际情况进行合理的分摊。在控制期末，许多大宗材料已经领用但

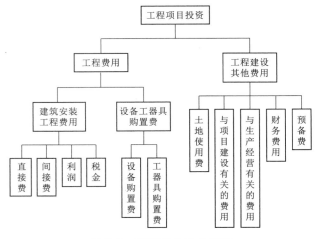

图 5.5　工程项目成本构成

尚未用完，对已消耗量（或剩余量）的估计是十分困难的，而且人为的影响因素很大，这会导致实际成本核算不准确。

**2. 按照工程量清单规定的单位测量**

本期内工程完成状况的量度必须按照工程量清单规定的单位测量实际完成的工程量。由于实际工程进度是作为成本花费所获得的已完产品，它的量度的准确性直接关系到成本核算、成本分析和趋势预测（剩余成本估算）的准确性。已完工程的量度一般比较简单，而对已开始但尚未结束的分项工程或工作包的已完成程度的客观估算较为困难，在实际工程中人为的影响因素较大，容易造成项目成本分析的大起大落。

**3. 工程工地管理费及总部管理费开支的汇总、核算和分摊**

工地管理费由各种账单、工资单、设备清单和费用凭证等汇总可得。总部管理费从企业会计核算的资料（费用凭证、会计报表、账目等）获取，并分摊至各个工程。

**4. 各分项工程及整个工程的各个费用项目核算及盈亏核算，提出工程成本核算报表**

上述各项核算中，许多费用开支是经过分摊进入分项工程成本或工程总成本的，如周转材料、工地管理费和总部管理费。由于分摊是选择一定的经济指标按比例核算，如企业管理费按企业同期所有工程总成本（或人工费）分摊进入各个工程项目；工地管理费按本工程各分项工程直接费总成本分摊进入各个分项工程，有时周转材料和设备费用也必须采用分摊方法进行核算。因为它是平均计算的，所以不能完全反映实际情况。其核算和经济指标的选取受人为因素的影响较大，这会影响成本核算的准确性和成本评价的公正性。因此，对能直接核算到分项工程的费用应尽量采取直接核算的方法，尽可能减少分摊费用值及分摊范围。

**5. 项目费用决算**

业主在工程项目结束时要确定从项目筹建开始到项目结束的全部费用。决算的内容包括项目全过程各个阶段支付的全部费用。决算的依据主要是合同、合同的变更、支付文件等。决算的结果是项目决算书，它经项目各参与方共同签字后作为项目验收的核心文件。项目决算书一般由两部分组成：一是文字说明，包括工程概况、设计概算、实施计划和执行情况、各项技术经济指标的完成情况、项目的成本和投资效益分析以及项目实施过程中的主要经验、存在的问题、解决意见等；二是决算报表，包括竣工项目概况表、财务决算表、交付使用财产总表、交付使用财产明细表等。

**6. 成本分析指标**

为了准确地反映情况，需要在成本报告中分别进行微观和宏观的分析，如各个生产要素的消耗、各分项工程及整个工程项目的成本分析。在众多的项目成本分析指标中，工程项目中常用的指示如下：

从工期角度出发：

$$时间消耗程度 = \frac{已用工期}{计划总工期} \times 100\%$$

从工程量角度出发：

$$工程完成度 = \frac{已完成工程量}{计划总工程量} \times 100\%$$

从工程造价角度出发：

$$工程完成度 = \frac{已完成工程价格}{工程计划总价格} \times 100\%$$

从人工用时角度出发：

$$工程完成度 = \frac{已完成人工总工时}{工程计划总工时} \times 100\%$$

例：某工程项目计划直接总成本为 4321000 元，工地管理费和企业管理费总额为 678900 元，工程总成本为 4999900 元，则

$$管理费 = \frac{678900}{4321000} \times 100\% = 15.71\%$$

若该工程项目的总工期计划为 150 天，现已进行了 60 天，已完成工程总价为 2352000 元，实际工时为 12500 小时，已完工程中计划工时 14350 工时，实际成本 2239535 元，已完工程计划成本 1995937 元，则至今成本总体状况分析为

$$工期进度 = \frac{71\ 天}{180\ 天} \times 100\% = 39.4\%$$

$$工程完成度 = \frac{2352000\ 元}{4999900\ 元} \times 100\% = 47.0\%$$

$$劳动效率 = \frac{12500\ 工时}{13150\ 工时} \times 100\% = 95.0\%$$

$$成本偏差 = 2239535 - 1995937 = 243598\ 元$$

$$成本偏差率 = \frac{243598}{1995937} \times 100\% = 12.2\%$$

$$已实实现利 = 2352000 - 2239535 = 112465\ 元$$

$$利润 = \frac{112465}{2352000} \times 100\% = 4.8\%$$

从目前进度和工程全局来看，本工程项目暂未亏本，但利润偏低，成本即将超支，劳动效率还有一定的提升空间。

## 任务 5.5　工程项目结算与支付管理

### 5.5.1　工程项目结算概念

工程项目结算是指施工企业按照承包合同和已完工程量向建设单位（业主）办理工程价清算的经济文件。工程建设周期长，耗用资金数大，为使建筑安装企业在施工中耗用的资金及时得到补偿，需要对工程量向建设单位（业主）办理工程价清算的经济文件。也需要对工程价款进行中间结算（进度款结算）、年终结算，全部工程竣工验收后应进行竣工结算。在会计科目设置中，工程项目结算为建造承包商专用的会计科目。工程项目结算是工程项目承包中的一项十分重要的工作，全名为工程价款的结算，是指施工单位与建设单位之间根据双方签订合同（含补充协议）进行的工程合同价款结算。

工程项目结算又分为工程定期结算、工程阶段结算、工程年终结算、工程竣工结算。

## 5.5.2    结算意义

工程项目结算是工程项目承包中的一项十分重要的工作，主要表现为以下几方面：

（1）工程项目结算是反映工程进度的主要指标。在施工过程中，工程结算的依据之一就是按照已完的工程进行结算，根据累计已结算的工程价款占合同总价款的比例，能够近似反映出工程的进度情况。

（2）工程项目结算是加速资金周转的重要环节。施工单位尽快尽早地结算工程款，有利于偿还债务，有利于资金回笼，降低内部运营成本。通过加速资金周转，提高资金的使用效率。

（3）工程项目结算是考核经济效益的重要指标。对于施工单位来说，只有工程款如数地结清，才意味着避免了经营风险，施工单位也才能够获得相应的利润，进而达到良好的经济效益。

## 5.5.3    竣工结算的依据

（1）国家有关法律、法规、规章制度和相关的司法解释。

（2）国务院建设行政主管部门以及各省、自治区、直辖市和有关部门发布的工程造价计价标准、计价办法、有关规定及相关解释。

（3）施工方承包合同、专业分包合同及补充合同，有关材料、设备采购合同。

（4）招投标文件，包括招标答疑文件、投标承诺、中标报价书及其组成内容。

（5）工程竣工图或施工图、施工图会审记录，经批准的施工组织设计，以及设计变更、工程洽商和相关会议纪要。

（6）经批准的开、竣工报告，或停、复工报告。

（7）建设工程工程量清单计价规范或工程预算定额、费用定额及价格信息、调价规定等。

（8）工程预算书。

（9）影响工程造价的相关资料。

（10）安装工程定额基价。

（11）结算编制委托合同。

## 5.5.4    结算方式

我国采用的工程项目结算方式主要有以下几种。

1. 按月结算

实行旬末或月中预支，月终结算，竣工后清算的方法。跨年度竣工的工程，在年终进行工程盘点，办理年度结算。

2. 竣工后一次结算

建设项目或单项工程全部建筑安装工程建设期在 12 个月以内，或者工程承包价值在 100 万元以下的，可以实行工程价款每月月中预支，竣工后一次结算。

**3. 分段结算**

分段结算即当年开工，当年不能竣工的单项工程或单位工程按照工程形象进度，划分不同阶段进行结算。

**4. 目标结算方式**

目标结算方式即在工程合同中，将承包工程的内容分解成不同的控制界面，以业主验收控制界面作为支付工程款的前提条件。也就是说，将合同中的工程内容分解成不同的验收单元，当施工单位完成单元工程内容并经业主经验收后，业主支付构成单元工程内容的工程价款。在目标结算方式下，施工单位要想获得工程价款，必须按照合同约定的质量标准完成界面内的工程内容，要想尽早获得工程价款，施工单位必须充分发挥自己的组织实施能力，在保证质量的前提下，加快施工进度。

**5. 结算双方约定的其他结算方式**

实行预收备料款的工程项目，在承包合同或协议中应明确发包单位（甲方）在开工前拨付给承包单位（乙方）工程备料款的预付数额、预付时间，开工后扣还备料款的起扣点、逐次扣还的比例，以及办理的手续和方法。

按照国家有关规定，备料款的预付时间应不迟于约定的开工日期前 7 天。发包方不按约定预付的，承包方在约定预付时间 7 天后发包方发出要求预付的通知。发包方收到通知后仍不能按要求预付的，承包方可在发出通知后 7 天停止施工，发包方应从约定应付之日起向承包方支付应付款的贷款利息，并承担违约责任。

### 5.5.5　中间结算

施工企业在施工过程中，按逐月（或形象进度，或控制界面等）完成的工程数量计算各项费用，向建设单位（业主）办理工程进度款的支付（即中间结算）。

以按月结算为例，现行的中间结算办法是，施工企业在旬末或月中旬向单位提出预支工程款账单，预支一旬或半月的工程款，月终再提出工程款结算账单和已完工程月报表，收取当月工程价款，并通过银行进行结算。按月进行结算，要对现场已施工完毕的工程逐一进行清点，资料提出后要交监理工程师和建设单位审查签证。为简化手续，应以施工企业提出的统计进度月报表为支取工程款的凭证，即通常所称的工程进度款。

工程进度款的支付步骤：工程量测量与统计→提交已完工程量报告→工程师审核并确认→建设单位认可并审批→交付工程进度款。

### 5.5.6　竣工结算

竣工结算是指施工企业按照合同规定，在一个单位工程或单项建筑安装工程完工、验收、点交后，向建设单位（业主）办理最后工程价款清算的经济技术文件。

《建设工程施工合同（示范文本）》中对竣工结算作了详细规定：

（1）工程竣工验收报告经发包方认可后 28 天内，承包方向发包方递交竣工结算报告及完整的结算资料，双方按照协议书约定的合同价款及专用条款约定的合同价调整内容，进行工程竣工结算。

（2）发包方收到承包方递交的竣工结算报告及结算资料后 28 天内进行核实，给予确认或者提出修改意见。发包方确认竣工结算报告后通知经办银行向承包方支付工程竣工结算价款。承包方收到竣工结算价款后 14 天内将竣工工程交付发包方。

（3）发包方收到竣工结算报告及结算资料后 28 天内无正当理由不支付工程竣工结算价款，从第 29 天起按承包方同期向银行贷款利率支付拖欠工程价款的利息，并承担违约责任。

（4）发包方收到竣工结算报告及结算资料后 28 天内不支付工程竣工结算价款，承包方可以催告发包方支付结算价款。发包方在收到竣工结算报告及结算资料后 56 天内仍不支付的，承包方可以与发包方协议将该工程折价，也可以由承包方申请人民法院将该工程依法拍卖，承包方就该工程折价或者拍卖的价款优先受偿。

（5）工程竣工验收报告经发包方认可后 28 天内，承包方未能向发包方递交竣工结算报告及完整的结算资料，造成工程竣工结算不能正常进行或工程结算价款不能及时支付，发包方要求交付工程的，承包方应当交付；发包方不要求交付工程的，承包方承担保管责任。

（6）发包方和承包方对工程竣工结算价款发生争议时，按争议的约定处理。在实际工作中，当年开工、当年竣工的工程，只需办理一次性结算。跨年度的工程，在年终办理一次年终结算，将未完工程结转到下一年度，此时竣工结算等于各年度结算的总和。

办理工程价款竣工结算的一般公式：

竣工结算工程款＝预算（或概算）或合同价款＋施工过程中预算或合同价款调整数额－预付及已结算工程价款－保修金

竣工结算方式、结算书以施工单位为主进行编制。竣工结算一般采用以下方式：

（1）预算结算方式。这种方式是把经过审定确认的施工图预算作为竣工结算的依据，在施工过程中发生的而施工预算中未包括的项目和费用，经建设单位驻现场工程师签证，和原预算一起在工程结算时进行调整，因此又称这种方式为施工图预算加签证的结算方式。

（2）承包总价结算方式。这种方式的工程承包合同为总价承包合同。工程竣工后，暂扣合同价的 2％～5％作为维修金，其余工程价款一次结清，在施工过程中所发生的材料代用、主要材料价差、工程量的变化等，如果合同中没有可以调价的条款，一般不予调整。因此，凡按总价承包的工程，一般都列有一项不可预见费用。

（3）平方米造价包干方式。承发包双方根据一定的工程资料，经协商签订每平方米造价指标的合同，结算时按实际完成的建筑面积汇总结算价款。

（4）工程量清单结算方式。采用清单招标时，中标人填报的清单分项工程单价是承包合同的组成部分，结算时按实际完成的工程量，以合同中的工程单价为依据计算结算价款。

### 5.5.7　会计处理

（1）本科目核算企业（建造承包商）根据建造合同约定向业主办理结算的累计金额。

（2）本科目应当按照建造合同进行明细核算。

（3）企业向业主办理工程价款结算时，按应结算的金额，借记"应收账款"等科目，贷记本科目。

合同完工时，将本科目余额与相关工程施工合同的"工程施工"科目对冲，借记本科目，贷记"工程施工"科目。

### 5.5.8　竣工结算的编制

1. 编制方法

采用总价合同的，应在合同价基础上对设计变更、工程洽商以及工程索赔等合同约定中可以调整的内容进行调整。

采用单价合同的，应计算或核实竣工图或施工图以内的各个分部分项工程量，依据合同约定的方式确定分部分项工程项目价格，并对设计变更、工程洽商、施工措施以及工程索赔等内容进行调整；

采用成本加酬金合同的，应依据合同约定的办法计算各个分部分项工程量以及设计变更、工程洽商、施工措施等内容的工程成本，并计算酬金及有关税费。

2. 计算方法

工程量清单计价法通常采用单价合同的合同计价方式，竣工结算的编制是采取合同价加变更签证的方式进行。

### 5.5.9　竣工结算的审核

监理人应在收到竣工结算申请单后14天内完成核查并报送发包人。发包人应在收到监理人提交的经核的竣工结算申请单后14天内完成审批，并由监理人向承包人签发经发包人签认的竣工付款证书。理人或发包人对竣工结算申请单有异议的，有权要求承包人进行修正和提供补充资料，承包人应提交修正后的竣工结算申请单。

建设单位审查工程竣工结算的内容如下：

（1）审查工程竣工结算的递交程序和资料的完备性：①审查结算资料递交手续、程序的合法性，以及结算资料具有的法律效力；②审查结算资料的完整性、真实性和相符性。

（2）审查与工程竣工结算有关的各项内容：①工程施工合同的合法性和有效性；②工程施工合同范围以外调整的工程价款；③分部分项工程、措施项目、其他项目的工程量及单价；④建设单位单独分包工程项目的界面划分和总承包单位的配合费用；⑤工程变更、索赔、奖励及违约费用；⑥取费、税金、政策性调整以及材料价差计算；⑦实际施工工期与合同工期产生差异的原因和责任，以及对工程造价的影响程度；⑧其他涉及工程造价的内容。

### 5.5.10　竣工结算款支付

竣工结算款支付应先提交竣工结算申请单，竣工结算申请单应包括以下内容：

（1）竣工结算合同价格。

（2）发包人已支付承包人的款项。

（3）应扣留的质量保证金，已缴纳履约保证金的或提供其他工程质量担保方式的除外。

（4）发包人应支付承包人的合同价款。

（5）甩项竣工协议。发包人要求甩项竣工的，合同当事人应签订甩项竣工协议。在甩项竣工协议中应明确，合同当事人按照"竣工结算申请"条款及"竣工结算审核"条款的约定，对已完合格工程进行结算，并支付相应合同价款。

### 5.5.11　最终结清

最终结清应提交最终结清申请单，主要包含以下内容：

（1）除专用合同条款另有约定外，承包人应在缺陷责任期终止证书颁发后 7 天内，按专用合同条款的份数向发包人提交最终结清申请单，并提供相关证明材料。

（2）除专用合同条款另有约定外，最终结清申请单应列明质量保证金、应扣除的质量保证金、缺陷责任期内发生的增减费用。

（3）发包人对最终结清申请单内容有异议的，有权要求承包人进行修正和提供补充资料，承包人应向发包人提交修正后的最终结清申请单。

### 5.5.12　最终结清证书和支付

（1）除专用合同条款另有约定外，发包人应在收到承包人提交的最终结清申请单后 14 天内完成审批，并向承包人颁发最终结清证书。发包人逾期未完成审批，又未提出修改意见的，视为发包人同意承包人提交的最终结清申请单，且自发包人收到承包人提交的最终结清申请单后 15 天起视为已颁发最终结清证书。

（2）除专用合同条款另有约定外，发包人应在颁发最终结清证书后 7 天内完成支付。发包人逾期支付的，按照中国人民银行发布的同期同类贷款基准利率支付违约金；逾期支付超过 56 天的，按照中国人民银行发布的同期同类贷款基准利率的两倍支付违约金。

（3）承包人对发包人颁发的最终结清证书有异议的，按"争议解决"条款的约定办理。

# 任务 5.6　工程项目成本管理案例——杭州湾大桥建设项目经济效益评价

### 5.6.1　工程概况

杭州湾跨海大桥（图 5.6）是国道主干线同三线跨越杭州湾的便捷通道。大桥建成后将缩短宁波至上海间的陆路距离 120 余公里，从而也大大缓解已经拥挤不堪沪杭甬高速公路的压力，形成以上海为中心的江浙沪两小时交通圈。

大桥总投资预计超过 140 亿元人民币，其中大桥长 36km，投资 118 亿元；北岸连接线长 29.1km，投资 17 亿元；南岸连接线长 55.3km，投资 34 亿元。来自民间的资本占了总资本的一半，包括雅戈尔、方太厨具、海通集团等民营企业都参与了对大桥的投资。大桥收费年限为 30 年，收费标准预计为 55 元/辆。

图 5.6 杭州湾跨海大桥

杭州湾跨海大桥按双向六车道高速公路设计,设计时速 100km/h,设计使用年限 100 年。大桥设南、北两个航道,其中北航道桥为主跨 448m 的钻石型双塔双索面钢箱梁斜拉桥,通航标准 35000t;南航道桥为主跨 318m 的 A 型单塔双索面钢箱梁斜拉桥,通航标准 3000t。除南、北航道桥外,其余引桥采用 30～80m 不等的预应力混凝土连续箱梁结构。杭州湾跨海大桥是目前世界上已建或在建大桥中最长的跨海大桥,大桥主体工程 2003 年开工建设,2008 年建成通车。

2001 年 9 月成立项目公司,资本金为 38.5 亿元。其中,宁波方占 90％股份,嘉兴方占 10％股份。公司资本金中民营企业投资占到 50.25％。本项目商请国家开发银行、中国工商银行、中国银行、浦发银行等四家银行贷款 70 亿元,已签订贷款协议。

大桥本身的经济效益是吸引投资者看好的重要基础。据交通流量调查推测,2009 年通过大桥的车流量达 5.2 万辆,2015 年达 8 万辆,2027 年达 9.6 万辆。经测算,大桥财务内部收益率将达 8.03％～10.1％,投资回收期 14.2 年,投资回报率 15.10％(不含建设期)、12.58％(含建设期)。

大桥是中国自行设计、自行管理、自行投资、自行建造的,工程创 6 项世界或国内之最,用钢量相当于 7 个"鸟巢",可以抵抗 12 级以上台风。

### 5.6.2 经济效益分析

交通网络影响区域经济发展,杭州湾跨海大桥开工之前,杭州市的区位优势非常明显。杭州位于杭州湾这个大喇叭口的顶端,杭嘉湖平原上,是自东海沿钱塘江西进的第一处较为便捷的渡江位置。在钱塘江大桥建成以前,由北向南绕行杭州湾的交通几乎都需要经过杭州,杭州成了渡江的要道。因此,杭州理所应当地成为了整个浙中北地区的物流中心。钱塘江大桥建成后,其物流中心的地位更加明显。加上当时在杭州北郊有笕桥机场这一军民合用机场,单在交通上就占有绝对的优势。这也是杭州市成为浙江省文化、经济、政治中心的一大重要原因。杭州湾跨海大桥建成之后,将在杭州湾的交通图上形成一个大三角形,这座世界上最长的跨海大桥将使宁波到上海的陆路里程缩短 120 多公里。从此,沪甬两港间的公路运输可以不通过杭州,表面上看,这在一定程度上削减了杭州的区位优势,其交通枢纽的重要作用减弱了。但是,从另一个角度考虑,在大桥开通之前,杭州市及其周边的交通已经达到了过度拥挤的地步,尽管周边诸多公路的建成,在一定程度上缓解了交通拥挤的状况。但是长期而言，由于地区的汽车保有量不断上升，道路的增加并未带来交通情况的大幅度改善。现实情况是，带给杭州的是车辆拥堵造成的社会成本越来越高，对杭州本地的经济产生了不利影响。杭州湾跨海大桥的建成，可以从一定程度上缓解这一状况。杭州湾跨海大桥虽然在一定程度削弱了杭州的区位优势，但从社会总效率的层面上考虑，却是提高杭州市的经济发展效率的。交通拥堵带来的社会成本、物流上造成的低效率的仓储成本以及其他一些低效率的资源利用状态将有所减少。

　　跨海大桥建设将吸引更多的投资，增加宁波资本力。宁波可以增加利用上海间接引资的机遇。上海的大外商，特别是跨国公司，往往把其海外总部和主要办事机构、研发中心设在上海，而将配套生产基地设在与上海交通便捷的周边地区，跨海大桥的建设能使宁波分享上海投资扩散。跨海大桥的建设进一步优化宁波的港口、保税区、开发区和余慈地区的投资环境，吸引更多客商直接来宁波投资。宁波也可以利用上海这一国际金融中心，大力发展宁波的金融业。城市金融业发达，则城市拥有、控制和使用资本数量大，资本的流动性强、成本低，资本对城市价值体系的贡献大。跨海大桥能使宁波更便捷地满足长三角北翼城市对石化、能源、钢铁、水泥、低强度基础原材料产品的巨大需求，大桥促进杭州湾两岸形成优势互补的国内最大、世界一流的金山-宁波石化工业基地。跨海大桥也会促进宁波与上海、苏南地区经济交往密切，产业关联度增强，带来物流明显增加，宁波有必要、也有条件建成综合物流中心。在世界经济向亚太地区转移大潮中，中国长三角将成为世界加工制造业中心之一。由于跨海大桥的建成，宁波完全可以依托上海平台、承接上海辐射和转移，完全可能成为一个加工制造业基地，这将大大提高宁波城市的竞争力。嘉兴位于杭州湾跨海大桥北端，大桥建成后，将与周边的交通网络形成一个公路运输枢纽。秀洲的纺织业，嘉善的木业，海宁的家纺、皮革、经编业等，在嘉兴成为新的交通枢纽的同时，嘉兴的这些地方特色产业也会有很大的发展。绍兴位于萧绍平原上，东临宁波，西靠杭州，两者都是经济较为发达的地区。这对于绍兴经济来说，存在着很强的拉动作用。与嘉兴类似，近乎完善的公路铁路网络，加上杭甬运河的建设，对于当地的经济来讲，这将会创造一个很好的发展环境，自然也会带来新的机遇。此外，由于铁路运输的廉价性与跨海大桥的便捷性，绍兴和嘉兴届时将成为一个铁路运输与公路运输转换的枢纽。

### 5.6.3　社会效益分析

　　来自民间的资本占了总资本的一半，包括雅戈尔、方太厨具、海通集团等民营企业都参与了对大桥的投资。大桥收费年限为 30 年，收费标准预计为 55 元/辆。大桥项目建设为我国 BOT 融资模式作出了典范，为我国大的工程项目的民间融资提供了值得借鉴的经验与方法。它的经营成功会刺激民间融资的发展。

　　大桥项目建设创造了多个世界、国内第一，增强了民众的自信心，提高了民族的自豪感，对外彰显了我国的经济实力和科技实力，使世界更加地了解中国，中国更好地走向世界谋求与其他国家的合作。

### 5.6.4　总体评价

　　杭州湾跨海大桥优化了浙江省省内的交通网络，具有关专家测算，仅降低运输成本和减少交通事故所带来的经济效益就将超过 440 亿元。跨海大桥对于整个浙江省而言，经济发展效率将由于交通网络的优化而大大提高，这对于整个浙江经济而言，是一个不错的机遇，可以更好地与国际接轨。而宁波市的经济将处于一个更优的环境，将会由其海运业等产业的发展发掘出更多的发展机会，从而带动整个宁波经济，其经济贡献率将会大大提。

# 课 后 练 习

## 一、基础训练

1. 什么是工程项目成本管理？

2. 请阐述工程项目投资的构成。

3. 工程项目造价管理的特点是什么？

4. 结算的方式有哪些？

## 二、考证进阶

1. 关于建设工程质量监督管理的说法，正确的是（ 　　）。

A. 建设行政主管部门发现竣工验收过程中有违反质量管理规定行为的，责令停止使用，重新组织竣工验收

B. 施工单位应当自工程竣工验收合格之日起 15 日内，将竣工验收报告报建设行政主管部门备案

C. 小规模的市政基础设施改建工程可以免于备案

D. 建设单位未组织竣工验收擅自交付使用的，责令改正，且处以竣工结算价款 2％～10％的罚款

2. 工程质量监督申报手续应在工程项目（ 　　）到工程质量监督机构办理。

A. 开工前，由施工单位

B. 竣工验收前，由建设单位

C. 开工前，由建设单位

D. 竣工验收前，由施工单位

3. 按建设工程项目成本构成编制施工成本计划时，将施工成本分解为（ 　　）等。

A. 直接费、间接费、利润、税金

B. 单位工程施工成本及分部、分项施工成本

C. 分部分项工程费、其他项目费、规费

D. 人工费、材料费、施工机械费、措施项目费

4. 下列施工成本管理的措施中，属于组织措施的是（ 　　）。

A. 确定最佳的施工方案

B. 对施工成本管理目标进行风险分析，并制定防范性对策

C. 选用合适的合同结构

D. 加强施工定额管理和施工任务单管理，控制活动和物化活动的消耗

5. 施工成本控制的各工作步骤中，其核心是（ 　　）。

A. 比较

B. 预测

C. 分析

D. 纠偏

6. 某施工承包企业将其承接的高速公路项目的目标总成本分解为桥梁、隧道、道路工程成本等子项，并编制相应的成本计划，这是按（　　　）分解的。

A. 成本组成

B. 项目组成

C. 工程类别

D. 工程性质

7. 编制施工项目成本计划的关键是确定（　　　）。

A. 预算成本

B. 平均成本

C. 目标成本

D. 实际成本

8. 关于部分分项工程施工成本分析的说法，正确的有（　　　）。

A. 分部分项工程成本分析的对象为已完成分部分项工程

B. 分部分项工程成本分析是施工项目成本分析的基础

C. 必须对施工项目中的所有分部分项工程进行成本分析

D. 分部分项工程成本分析的方法就是进行实际成本与目标的成本比较

E. 对主要分部分项工程要做到从开工到竣工进行系统的成本分析

9. 按施工进度编制施工成本计划时，若所有工作均按照最早开始时间安排，则对项目目标控制的影响有（　　　）。

A. 工程按期竣工的保证效率

B. 工程质量会更好

C. 不利于节约资金贷款利息

D. 有利于降低投资

E. 不能保证工程质量

## 三、思政拓展

某办公楼工程建筑面积 $4000m^2$ ，框架结构 4 层，施工图纸及有关技术资料齐全，现决定对该项目进行施工招标，于是委托了咨询公司编制了两个标底，又向 ABC 三家自己熟悉的公司发出了邀请，又在网上发布了招标信息，共有 A、B、C、D、E 5 家公司参加投标。在招标过程中，招标人将一个标底透露给 A、B、C 三家公司，A、B、C 三家又自行商定由 B 公司中标，然后把部分工程再转包给 A、C 公司。在开标过程中，B 公司标书未密封，当即宣布 B 公司为废标。经评标委员会评审，D 公司综合评分最高，A 报价最低（低于成本）。但招标人还是定了 A 公司中标。A 公司收到中标通知书后 32 天与中标人签订了工程承包合同，A 公司暗地让 B 公司以 A 公司的名义承担了主体工程建设任务，而对于其中的防水工程交给 C 公司施工（C 公司只有土建施工资质，无防水资质）。在施工过程中 B 公司使用了不合格建筑材料，造成质量不合格，但建设单位要求 A 公司承担赔偿修补责任。竣工验收后，A 公司以拖欠工程款为由拒不交接工程。

1. 指出本工程在招标至竣工过程中所发生的错误？

2. A 公司是否承担责任？为什么？

3. B 公司为废标对吗？

# 项目6 ▶ 工程项目信息化管理

● 学习目标

　　1. 了解工程项目信息化管理的内涵。

　　2. 熟悉工程项目管理信息系统。

　　3. 熟悉工程项目文档管理。

　　4. 了解工程项目管理中的软信息。

● 能力目标

　　1. 能收集并整理工程项目中各方面信息。

　　2. 能建立项目管理信息系统。

　　3. 能进行工程项目文档管理。

● 思政目标

　　1. 树立学生信息来源严谨、准确的思想理念。

　　2. 加强学生严谨的工作态度。

　　3. 强化学生的安全意识。

广厦万间，拥抱信息化——工程项目信息化管理

## 任务 6.1　工程项目信息化管理概述

### 6.1.1　工程项目中的信息流

在工程项目的实施过程中，会产生如下几种主要流动过程。

1. 工作流

工作流即构成项目的实施过程和管理过程，主体是劳动力和管理者。管理者按项目结构分解得到项目的所有工作，每种工作以任务书（委托书或合同）的形式确定这些工作的参与者，再通过项目计划安排它们的实施方法、实施顺序、实施时间以及实施过程中的协调。这些工作在一定时间和空间上实施，便形成项目的工作流。

2. 物流

工作的实施需要各种材料、设备、能源，它们由外界输入，经过工作过程最终得到项目产品，即由工作流引起物流。物流表现出项目的物资生产过程。

3. 资金流

资金流是工程过程中价值的运动形态。例如从资金变为库存的材料和设备，支付工资和工程款，再转变为已完工程，投入运营后作为固定资产，通过项目的运营取得收益。

**4．信息流**

工程项目的实施过程不断产生大量信息。这些信息伴随着上述几种流动过程按一定的规律产生、转换、变化和被使用，并被传送到相关部门，形成项目实施过程中的信息流。

这四种流动过程之间相互联系、相互依赖又相互影响，共同构成了项目实施和管理的总过程。在这四种流动过程中，信息流对项目管理有特别重要的意义。信息流将项目的工作流、物流、资金流、管理职能、项目组织、项目与环境结合在一起。例如，在项目实施过程中，各种工程文件、报告、报表反映了工程项目的实施情况，反映了工程实物进度、费用、工期状况，各种指令、计划、协调方案，又控制和指挥着项目的实施。所以信息是项目的神经系统。只有信息流通畅、有效率，才会有顺利的、有效率的项目实施过程。

据有关国际文献的资料统计：

（1）工程项目实施过程中存在的诸多问题，其中三分之二与信息交流（信息沟通）的问题有关。

（2）工程项目 10％～33％的费用增加与信息交流存在的问题有关。

（3）在大型工程项目中，信息交流的问题导致工程变更和工程实施的错误占工程总成本的 3％～5％。

由此可见信息交流对项目实施影响之大。

信息管理指的是信息流的合理的组织和控制。施工方在投标过程中、承包合同洽谈过程中、施工准备工作中、施工过程中、验收过程中，以及在保修期工作中形成大量的各种信息。这些信息不但在施工方内部各部门间流转，其中许多信息还必须提供给政府建设主管部门、业主方、设计方、相关的施工合作方和供货方等，还有许多有价值的信息应有序地保存，以供其他项目施工借鉴。上述过程包含了信息传输的过程，由谁（哪个工作岗位或工作部门等）、在何时、向谁（哪个项目主管和参与单位的工作岗位或工作部门等）、以什么方式、提供什么信息等，这就是信息管理的内涵。信息管理不能简单理解为仅对产生的信息进行归档和一般的信息领域的行政事务管理。为充分发挥信息资源的作用和提高信息管理的水平，施工单位和其项目管理部门都应设置专门的工作部门（或专门的人员）负责信息管理。

项目信息管理是通过对各个系统、各项工作和各种数据的管理，使项目信息能方便和有效地获取、存储、存档、处理和交流。项目的信息管理的目的是通过有效的项目信息传输的组织和控制（信息管理），为项目建设的增值服务。

## 6.1.2　工程管理信息化的内涵

工程管理信息化指的是工程管理信息资源的开发和利用，以及信息技术在工程管理中的开发和应用。"信息技术"包括有关数据处理的软件技术、硬件技术和网络技术等。信息技术在工程管理中的开发和应用，包括在项目决策阶段的开发管理、实施阶段的项目管理和使用阶段的设施管理中开发和应用信息技术。国际社会认为，一个社会组织的信息技术水平是衡量其文明程度的重要标志之一。工程管理信息化属于领域信息化的范畴，它和企业信息化也有联系。

工程管理的信息资源包括以下几类：

（1）组织类工程信息，如建筑业的组织信息、项目参与方的组织信息、与建筑业有关的组织信息和专家信息等。

（2）管理类工程信息，如与投资控制、进度控制、质量控制、合同管理和信息管理有关的信息等。

（3）经济类工程信息，如建设物资的市场信息、项目融资的信息等。

（4）技术类工程信息，如与设计、施工和物资有关的技术信息等。

（5）法规类信息等。

应重视以上这些信息资源的开发和利用，它的开发和利用将有利于建设工程项目的增值，即有利于节约投资/成本、加快建设进度和提高建设质量。

### 6.1.3　信息管理手册的主要内容

施工方、业主方和项目参与其他各方都有各自的信息管理任务，为充分利用和发挥信息资源的价值、提高信息管理的效率以及实现有序的和科学的信息管理，各方都应编制各自的信息管理手册，以规范信息管理工作。信息管理手册描述和定义信息管理的任务、执行者（部门）、每项信息管理任务执行的时间和其工作成果等，它的主要内容如下：

（1）确定信息管理的任务（信息管理任务目录）。

（2）确定信息管理的任务分工表和管理职能分工表。

（3）确定信息的分类。

（4）确定信息的编码体系和编码。

（5）绘制信息输入输出模型（反映每一项信息处理过程的信息的提供者、信息的整理加工者、信息整理加工的要求和内容以及经整理加工后的信息传递给信息的接受者，并用框图的形式表示）。

（6）绘制各项信息管理工作的工作流程图（如信息管理手册编制和修订的工作流程，为形成各类报表和报告，收集信息、审核信息、录入信息、加工信息、信息传输和发布的工作流程，以及工程档案管理的工作流程等）。

（7）绘制信息处理的流程图（如施工安全管理信息、施工成本控制信息、施工进度信息、施工质量信息、合同管理信息等的信息处理的流程）。

（8）确定信息处理的工作平台（如以局域网作为信息处理的工作平台，或用门户网站作为信息处理的工作平台等）及明确其使用规定。

（9）确定各种报表和报告的格式，以及报告周期。

（10）确定项目进展的月度报告、季度报告、年度报告和工程总报告的内容及其编制原则和方法。

（11）确定工程档案管理制度。

（12）确定信息管理的保密制度，以及与信息管理有关的制度。

在国际上，信息管理手册广泛应用于工程管理领域，它是信息管理的核心指导文件。目前我国施工企业也对此十分重视，并在工程实践中得以应用。

### 6.1.4    信息管理部门的主要任务

项目管理班子中各个工作部门的管理工作都与信息处理有关，它们也都承担一定的信息管理任务，而信息管理部门是专门从事信息管理的工作部门，其主要工作任务如下：

（1）负责主持编制信息管理手册，在项目实施过程中进行信息管理手册的必要的修改和补充，并检查和督促其执行。

（2）负责协调和组织项目管理班子中各个工作部门的信息处理工作。

（3）负责信息处理工作平台的建立和运行维护。

（4）与其他工作部门协同组织收集信息、处理信息和形成各种反映项目进展和项目目标控制的报表和报告。

（5）负责工程档案管理等。

### 6.1.5    施工方工程项目相关的信息管理工作

施工管理信息化是工程管理信息化的一个分支，其内涵是：施工管理信息资源的开发和利用，以及信息技术在施工管理中的开发和应用。施工方信息管理的主要工作如下。

1. 收集并整理相关公共信息

公共信息包括法律、法规和部门规章信息，市场信息以及自然条件信息。

（1）法律、法规和部门规章信息，可采用编目管理或建立计算机文档存入计算机。无论采用哪种管理方式，都应在工程项目信息管理系统中建立法律、法规和部门规章表。

（2）市场信息包括材料价格表，材料供应商表，机械设备供应商表，机械设备价格表，新材料、新技术、新工艺、新管理方法信息表等。应通过每一种表格及时反映出市场动态。

（3）自然条件信息，应建立自然条件表，表中应包括地区、场地土类别、年平均气温、年最高气温、年最低气温、冬雨风季时间、年最大风力、地下水位高度、交通运输条件、环保要求等内容。

2. 收集并整理工程总体信息

以房屋建设工程为例，工程总体信息包括工程名称、工程编号、建筑面积、总造价；建设单位、设计单位、施工单位、监理单位和参与建设其他各单位等基本项目信息，以及基础工程、主体工程、设备安装工程、装饰装修工程、建筑造型等特点；工程实体信息、场地与环境、施工合同信息等。

3. 收集并整理相关施工信息

施工信息内容包括施工记录信息和施工技术资料信息等。

施工记录信息包括施工日志、质量检查记录、材料设备进场记录、用工记录表等。

施工技术资料信息包括主要原材料、成品、半成品、构配件、设备出厂质量证明和试（检）验报告，施工试验记录，预检记录，隐蔽工程验收记录，基础、主体结构验收记录，设备安装工程记录，施工组织设计，技术交底资料，工程质量检验评定资料，竣工验收资料，设计变更洽商记录，竣工图等。

4. 收集并整理相关项目管理信息

项目管理信息包括项目管理规划（大纲）信息，项目管理实施规划信息，项目进度控制信息，项目质量控制信息，项目安全控制信息，项目成本控制信息，项目现场管理信息，项目合同管理信息，项目材料管理信息，构配件管理信息，工、器具管理信息，项目人力资源管理信息，项目机械设备管理信息，项目资金管理信息，项目技术管理信息，项目组织协调信息，项目竣工验收信息，项目考核评价信息等。

（1）项目进度控制信息包括施工进度计划表、资源计划表、资源表、完成工作分析表等。

（2）项目成本信息要通过责任目标成本表、实际成本表、降低成本计划和成本分析等来管理和控制成本的相关信息。而降低成本计划由成本降低率表、成本降低额表、施工和管理费降低计划表组成。成本分析由计划偏差表、实际偏差表、目标偏差表和成本现状分析表等组成。

（3）项目安全控制信息主要包括安全交底、安全设施验收、安全教育、安全措施、安全处罚、安全事故、安全检查、复查整改记录等。

（4）项目竣工验收信息主要包括施工项目质量合格证书、单位工程交工质量核定表、交工验收证明书、施工技术资料移交表、施工项目结算、回访与保修书等。

# 任务 6.2　工程项目管理信息系统

## 6.2.1　项目管理信息系统的含义

项目管理信息系统（project management information system，PMIS）是基于计算机的项目管理的信息系统，主要用于项目的目标控制。管理信息系统（management information system，MIS）是基于计算机的管理的信息系统，但主要用于企业的人、财、物、产、供、销的管理。项目管理信息系统与管理信息系统服务的对象和功能是不同的。

项目管理信息系统的应用，主要是用计算机的手段，进行项目管理有关数据的收集、记录、存储、过滤和把数据处理的结果提供给项目管理班子的成员。它是项目进展的跟踪和控制系统，也是信息流的跟踪系统。

## 6.2.2　项目管理信息系统的建立

1. 建立项目管理信息系统的目的

建立项目管理信息系统的目的是项目管理信息系统能及时、准确地提供施工管理所需要的信息，完整地保存历史信息以便预测未来，为项目经理提供决策的依据。还能发挥电子计算机的管理作用，以实现数据的共享和综合应用。

2. 建立项目管理信息系统的必要条件

（1）应建立科学的项目管理组织体系。要有完善的规章制度，采用科学、有效的方法；要有完善的经济核算基础。提供准确而完整的原始数据，使管理工作程序化，报表文件统一化。而完整、经编号的数据资料，可以方便地输入计算机，从而建立有效的管理信息系统，并为有效地利用信息创造条件。

（2）要有创新精神和信心。

（3）要有使用电子计算机的条件，既要配备机器，也要配备硬件、软件及人员项目管理信息系统能在电子计算机上运行。

**3. 项目管理信息系统的设计开发**

设计开发项目管理信息系统的工作应包括以下三个方面：

（1）系统分析。通过系统分析，可以确定项目管理信息系统的目标，掌握整个系统的内容。首先，要调查建立项目管理信息系统的可行性，即对项目系统的现状进行调查。其次，调查系统的信息量和信息流，确定各部门要保存的文件、输出的数据格式；分析用户的需求，确定纳入信息系统的数据流程图。最后，确定电子计算机硬件和软件的要求，然后选择最优方案，同时还要预留未来数据量的扩展余地。

（2）系统设计。利用系统分析的结果进行系统设计，建立系统流程图，提出程序的详细技术资料。为程序设计做准备工作。系统设计分两个阶段进行：①进行概要设计，包括输入、输出文件格式的设计，代码设计，信息分类，子系统模块和文件设计，确定流程图，指出方案的优缺点，判断方案的可行性，并提出方案所需要的物质条件；②进行详细设计，将前一阶段的成果具体化，包括输入、输出格式的详细设计，流程图的详细设计，程序说明书的编写等。

（3）系统实施。系统实施的内容包括程序设计与调试、系统调试、项目管理、系统评价等。程序设计是根据系统设计明确程序设计的要求，如使用何种语言、文件组织、数据处理等，然后绘制程序框图，再编写程序并写出操作说明书。

项目管理系统是一个非常复杂的系统，它由许多子系统构成，可以建立各个项目管理信息子系统。例如成本管理信息系统、合同管理信息系统、质量管理信息系统、材料管理信息系统等。它们是为专门的职能工作服务的，用来解决专门信息的流通问题，共同构成项目管理信息系统。例如图 6.1 所示的项目管理工作流程图中，可以认为它不仅是一个工

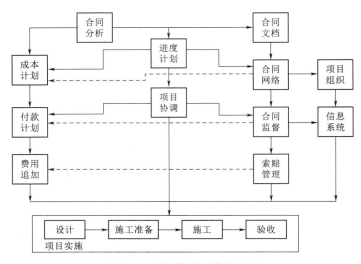

图 6.1 项目管理工作流程图

作流程，而且反映了一个管理信息的流程，反映了各个管理职能之间的信息关系。

图 6.1 中每个节点不仅表示各个项目管理职能的工作，而且代表着一定的信息处理过程，每一个箭头不仅表示管理职能的工作顺序，而且表示一定的信息流通过程。例如成本计划流程可如图 6.2 所示。

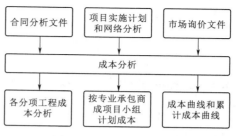

图 6.2　成本计划流程图

### 6.2.3　项目管理信息系统的功能

项目管理信息系统的功能是投资控制（业主方）或成本控制（施工方），进度控制，合同管理。有些项目管理信息系统还包括质量控制和一些办公自动化的功能。

1. 投资控制的功能

投资控制的功能包括具体如下：

（1）项目的估算、概算、预算、标底、合同价、投资使用计划和实际投资的数据计算和分析。

（2）进行项目的估算、概算、预算、标底、合同价、投资使用计划和实际投资的动态比较（如概算和预算的比较、概算和标底的比较、概算和合同价的比较、预算和合同价的比较等），形成各种比较报表。

（3）计划资金投入和实际资金投入的比较分析。

（4）根据工程的进展进行投资预测等。

2. 成本控制的功能

成本控制的功能具体如下：

（1）投标估算的数据计算和分析。

（2）计划施工成本。

（3）计算实际成本。

（4）计划成本与实际成本的比较分析。

3. 进度控制的功能

进度控制的功能具体如下：

（1）计算工程网络计划的时间参数确定关键工作和关键线路。

（2）绘制网络图和计划横道图。

（3）编制资源需求量计划。

（4）进度计划执行情况的比较分析。

（5）根据工程的进展进行工程进度预测。

4. 合同管理的功能

合同管理的功能具体如下：

（1）合同基本数据查询。

（2）合同执行情况的查询和统计分析。

（3）标准合同文本查询和合同辅助起草等。

# 任务 6.3    工程项目文档管理

## 6.3.1    文档管理的任务和基本要求

在实际工程中，许多信息由文档系统给出。文档管理指的是对作为信息载体的资料进行有序的收集、加工、分解、编目、存档，并为项目各参加者提供专用的和常用的信息过程。文档系统是管理信息系统的基础，是管理信息系统有效运行的前提条件。

许多项目经理认为在项目中的资料太多、太复杂，文件凌乱、无序，查找费时，这就是项目管理中缺乏有效的文档系统的表现。实质上，可以借鉴图书馆与档案管理系统，进行加工整理，以便于归档检查使用。所以在项目中也要建立像图书馆一样的文档系统。

文档系统有如下要求：

（1）系统性，即包括项目相关的，应进入信息系统运行的所有资料，事先要罗列出各种资料种类并进行系统化。

（2）各个文档要有单一标志，能够互相区别。这需要通过编码实现。

（3）文档管理责任的落实，即有专门人员或部门负责资料工作。

此外，对具体的项目资料要确定，如图 6.3 所示，具体包括：谁负责资料工作；什么资料，针对什么问题，什么内容和要求；何时收集、处理；向谁提供。

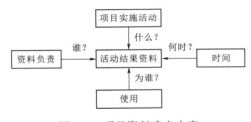

图 6.3    项目资料确定内容

通常文件和资料是集中处理、保存和提供的。在项目过程中文档可能有三种形式：

（1）企业保存的关于项目的资料，这是在企业文档系统中，例如项目经理提交给企业的各种报告、报表，这是上层系统需要的信息。

（2）项目集中的文档，这是关于全项目的相关文件。必须有专门的地方并由专门人员负责。

（3）各部门专用的文档，仅保存本部门专门的资料。

当然这些文档在内容上可能有重复，例如一份重要的合同文件可能复制三份，部门保存一份，项目一份，企业一份。

（4）内容正确、实用，在文档处理过程中不失真。

## 6.3.2    项目文件资料的特点

资料是数据或信息的载体。在项目实施过程中资料上的数据有两种：

（1）内容性数据。它为资料的实质性内容，如施工图纸上的图、信件的正文等。它的内容丰富，形式多样，通常有一定的专业意义，其内容在项目过程中可能有变更。

（2）说明性数据。为了方便资料的编目、分解、存档、查询，对各种资料必须做出说明和解释，用一些特征加以区别。它的内容一般在项目管理中不改变，由文档管理者设计。例如图标、各种文件说明、文件的索引目录等。

通常，文档按内容性数据的性质分类，而具体的文档管理，如生成、编目、分解、存档等以说明性数据为基础。

在项目实施过程中，为了便于进行文档管理，首先得将它们分类。通常的分类方法如下：

(1) 重要性：必须建立文档，值得建立文档，不必存档。

(2) 资料的提供者：外部、内部。

(3) 登记责任：必须登记、存档，不必登记。

(4) 特征：书信、报告、图纸等。

(5) 产生方式：原件、拷贝。

(6) 内容范围：单项资料、资料包（综合性资料），例如综合索赔报告、招标文件等。

### 6.3.3　文档系统的建立

资料通常按它的内容性数据的性质分类。工程项目中常常要建立一些重要资料的文档，如合同文本及其附件，合同分析资料，信件，会谈纪要，各种原始工程文件（如工程日记、备忘录），记工单、用料，各种工程报表（如月报、成本报表、进度报告），索赔文件，工程的检查验收、技术鉴定报告等。

1. 资料特征标识（编码）

有效的文档管理是以与用户友好和较强表达能力的资料特征（编码）为前提的。在项目实施前，应进行专门研究，建立该项目的文档编码体系。最简单的编码形式是用序数，但它没有较强的表达能力，不能表示资料的特征。一般项目编码体系有如下要求：

(1) 统一的、对所有资料适用的编码系统。

(2) 能区分资料的种类和特征。

(3) 能"随便扩展"。

(4) 对人工处理和计算机处理有同样效果。

通常，项目管理中的资料编码有如下几个部分：

(1) 有效范围。说明资料的有效使用范围，如属于某子项目、功能或要素。

(2) 资料种类：①外部形态不同的资料，如图纸、书信、备忘录等；②资料的特点，如技术的、商务的、行政的等。

(3) 内容和对象。资料的内容和对象是编码的着重点。对一般项目，可用项目结构分解的结果作为资料的内容和对象。但有时它并不适用，因为项目结构分解是按功能、要素和活动进行的，与资料说明的对象常常不一致。在这时就要专门设计文档结构。

(4) 日期（序号）。相同有效范围、相同种类、相同对象的资料可通过日期或序号来区别，如对书信可用日期（序号）来标识。

2. 索引系统

为了资料的方便使用，必须建立资料的索引系统，项目相关资料的索引一般可采用表格形式。在项目实施前，就应被专门设计。表中的栏目应能反映资料的各种特征信息。不同类别的资料可以采用不同的索引表，如果需要查询或调用某种资料，即可按图索骥。例如信件索引可以包括如下栏目：信件编码、来（回）信人、来（回）信日期、主要内容、文档号、备注等。这里要考虑到来信和回信之间的对应关系，收到来信或回信后即可在索引表上登记，并将信件存入对应的文档中。索引和文档的对应关系可见图 6.4。

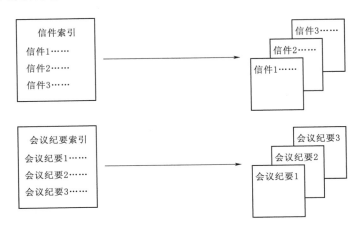

图 6.4　索引和文档的对应关系

# 任务 6.4　工程管理信息化技术的发展概况

## 6.4.1　工程管理信息化技术的发展过程

建筑业信息化的发展历史

　　自 20 世纪 70 年代开始，信息技术经历了一个迅速发展的过程，信息技术在工程管理中的应用也有一个相应的发展过程。

　　20 世纪 70 年代，单项程序的应用，如工程网络计划的时间参数的计算程序，施工图预算程序等。

　　20 世纪 80 年代，程序系统的应用，如项目管理信息系统、设施管理信息系统（facility management information system，FMIS）等。

　　20 世纪 90 年代，程序系统的集成，它是随着工程管理的集成而发展的。

　　20 世纪 90 年代末期至今，基于网络平台的工程管理。出于工程项目大量数据处理的需要，在当今的时代应重视利用信息技术的手段（主要指的是数据处理设备和网络）进行信息管理。其核心的技术是基于网络的信息处理平台，即在网络平台上（如局域网或互联网）进行信息处理，如图 6.5 所示。

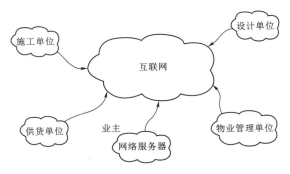

图 6.5　基于互联网的信息处理平台

## 6.4.2　基于互联网的信息处理平台

　　中国未来建筑信息化发展将形成以建筑信息模型（building information

modeling，BIM）为核心的产业革命。BIM 是以建筑工程项目的各项相关信息数据作为模型的基础，进行建筑模型的建立，通过数字信息仿真模拟建筑物所具有的真实信息。它具有可视化、协调性、模拟性、优化性和可出图性五大特点。

从 BIM 设计过程的资源、行为、交付三个基本维度，给出设计企业的实施标准的具体方法和实践内容。BIM 不是简单地将数字信息进行集成，而是一种数字信息的应用，并可以用于设计、建造、管理的数字化方法。这种方法支持建筑工程的集成管理环境，可以使工程项目在其整个进程中显著提高效率、大量减少风险。

"十二五"建筑业信息化的高速发展

我国曾将 BIM 技术作为科技部"十一五"的重点研究项目，并被住房和城乡建设部确认为建筑信息化的最佳解决方案。目前，中国已有非常多的设计和施工单位开始使用 BIM 技术，BIM 应用引爆了工程项目信息化热潮。BIM 正在改变项目参与各方的工作协同理念和协同工作方式，使各方都能提高工作效率并获得收益。

中国 BIM 标准正在研究制定中，已成立了标准研究组，已取得了阶段性成果，发布了相应的出版物。这里暂时引用美国国家 BIM 标准（NBIMS）对 BIM 的定义，定义由三部分组成：

（1）BIM 是一个设施（建设项目）物理和功能特性的数字表达。

（2）BIM 是一个共享的知识资源，是一个分享有关这个设施的信息，为该设施从建设到拆除的全生命周期中的所有决策提供可靠依据的过程。

（3）在项目的不同阶段，不同利益相关方通过在 BIM 中插入、提取、更新和修改信息以支持和反映其各自职责的协同作业。

BIM 建筑信息新技术介绍

### 6.4.3　工程管理信息化发展的意义

工程管理信息化有利于提高建筑工程项目的经济效益和社会效益，以达到为项目建设增值的目的。

工程管理信息资源的开发和信息资源的充分利用，可吸取类似项目的正反两方面的经验和教训，许多有价值的组织信息、管理信息、经济信息、技术信息和法规信息将有助于项目决策期多种可能方案的选择，有利于项目实施期的项目目标控制，也有利于项目建成后的运行。通过信息技术在工程管理中的开发和应用能实现以下内容：

（1）信息存储数字化和存储相对集中，如图 6.6 所示。

（2）信息处理和变换的程序化。

（3）信息传输的数字化和电子化。

（4）信息获取便捷。

（5）信息透明度提高。

（6）信息流扁平化。

信息技术在于工程管理中的开发和应用的意义有以下几个方面：

（1）"信息存储数字化和存储相对集中"有利于项目信息的检索和查询，有利于数据和文件版本的统一，并有利于项目的文档管理。

（2）"信息处理和变换的程序化"有利于提高数据处理的准确性，并可提高数据处理

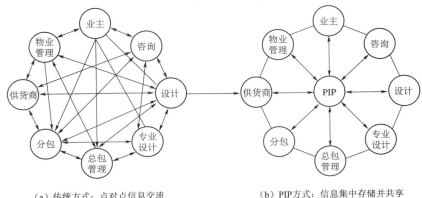

（a）传统方式：点对点信息交流　　　　　（b）PIP方式：信息集中存储并共享

图6.6　信息存储方式

的效率。

（3）"信息传输的数字化和电子化"可提高数据传输的抗干扰能力，使数据传输不受距离限制并可提高数据传输的保真度和保密性。

（4）"信息获取便捷""信息透明度提高"以及"信息流扁平化"有利于项目参与方之间的信息交流和协同工作。

# 任务6.5　工程项目管理中的软件信息

## 6.5.1　软件信息的概念

前面所述的在项目系统中运行的一般都为可定量化的、可量度的信息，如工期、成本、质量、人员投入、材料消耗、工程完成程度等，它们可以用数据表示，可以写入报告中，通过报告和数据即可获得信息，了解情况。但另有许多信息是很难用上述信息形式表达和通过正规的信息渠道沟通的。这主要是反映项目参加者的心理行为、项目组织状况的信息。例如：

（1）参加者的心理动机、期望和管理者的工作作风、爱好、习惯、对项目工作的兴趣、责任心。

（2）各工作人员的积极性，特别是项目组织成员之间的冷漠甚至分裂状态。

（3）项目的软环境状况。

（4）项目的组织程度及组织效率。

（5）项目组织与环境，项目小组与其他参加者，项目小组内部的关系融洽程度：如好或紧张、软抵抗项目领导的有效性。

（6）业主或上层领导对项目的态度、信心和重视程度。

（7）项目小组精神，如敬业、互相信任、组织约束程度（项目组织文化通常比较难建立，但首先应有一种工作精神）。

（8）项目实施的秩序程度等。

上述这些情况无法或很难定量化，甚至很难用具体的语言表达，但它同样作为信息反映着项目的情况，此类信息即为软信息。

许多项目经理对软信息不重视，认为不能定量化，不精确。1989 年在国际项目管理学术会议上，曾对 653 位国际项目管理专家进行调查，94％的专家认为在项目管理中很需要那些不能在信息系统中储存和处理的软信息。

### 6.5.2　软信息的作用

软信息在管理决策和控制中起着很大的作用，这是管理系统的特点。它能更快、更直接地反映深层次的、根本性的问题。同时也具有表达能力，主要是对项目组织、项目参加者行为状况的反映，能够预见项目的危机，可以说它对项目未来的影响比硬信息更大。

如果工程项目实施中出现问题，例如工程质量不好、工期延长、工作效率低下等，则软信息对于分析现存的问题是很有帮助的。它能够直接揭示问题的实质、根本原因，而通常的硬信息只能说明现象。

在项目管理的决策支持系统和专家系统中，必须考虑软信息的作用和影响，通过项目的整体信息体系来研究、评价项目问题，作出决策，否则这些系统是不科学的，也是不适用的。

软信息还可以更好地帮助项目管理者研究和把握项目组织，造成对项目组织的激励。在项目趋向分析中应综合考虑硬信息和软信息状况。

### 6.5.3　软信息的特点

软信息尚不能在报告中反映或完全正确地反映（尽管现在人们强调在报告中应包括软信息），缺少表达方式和正常的沟通渠道。所以只有管理人员亲临现场，参与实际操作和小组会议时才能发现并收集到。

由于它无法准确地描述和传递，所以它的状况只能由人领会，见仁见智，不确定性很大，这便会导致决策的不确定性。

由于很难表达，不能传递，很难进入信息系统沟通，则软信息的使用是局部的。真正有决策权的上层管理者（如业主、投资者）由于不具备条件（不参与实际操作），所以无法获得和使用软信息，因而容易造成决策失误。

软信息目前主要通过非正式沟通来影响人们的行为。例如人们对项目经理的专制作风的意见和不满，互相诉说，以软抵抗对待项目经理的指令、安排。

软信息必须通过人们的模糊判断，通过人们的思考来做信息处理，常规的信息处理方式是不适用的。

### 6.5.4　软信息的获取

目前，由于在正规的报告中比较少地涉及软信息，它又不能通过正常的信息流通过程取得，而且即使获得也很难说是准确的、全面的。它的获取方式通常有以下几种：

（1）观察。通过观察现场以及人们的举止、行为、态度，分析他们的动机，分析组织状况。

（2）正规的询问，征求意见。

（3）闲谈、非正式沟通。

（4）要求下层提交的报告中必须包括软信息内容并定义说明范围。这样上层管理者能获得软信息，同时让各级管理人员有软信息的概念并重视它。

### 6.5.5　现在要解决的问题

项目管理中的软信息对决策有很大的影响。但目前人们对它的研究还远远不够，有许多问题尚未解决。例如：

（1）项目管理中，软信息的范围和结构，即有哪些软信息因素，它们之间有什么联系，进一步可以将它们结构化，建立项目软信息系统结构。

（2）软信息如何表达、评价和沟通。

（3）软信息的影响和作用机理。

（4）如何使用软信息，特别在决策支持系统和专家系统中软信息的处理方法和规则，以及如何对软信息进行量化，如何将软信息由非正式沟通转变为正式沟通等。

# 任务 6.6　工程项目管理信息方案
## ——奥运数字背景大厦工程

奥运数字北京大厦实施全过程工程项目管理从项目策划、方案竞赛、勘察设计、采购施工、竣工验收到物业管理，历时三年，项目团队对新版《建设工程项目管理规范》进行了全面实践与探索，取得了较好的成效，保证了工程建设目标的实现。

1. 项目背景与概况

为全面实现奥运承诺，满足 2008 年奥运会对通信、信息服务和信息安全的需求，以及奥运会后奥林匹克中心周边地区通信业务发展和完善北京市信息化体系建设，经北京市批准决定建设数字北京大厦。数字北京大厦是"数字奥运"的组成内容之一，"数字奥运"是"绿色奥运"的重要支撑，是"科技奥运"的时代特征，是"人文奥运"的弘扬手段。

在完成项目前期的各种申报批文后，工程于 2005 年 6 月 30 日正式开工，2007 年 6 月工程全面进入竣工验收和机电调试阶段，为 2007 年 8 月启动"好运北京"测试赛运行保障奠定了基础。

数字北京大厦总体功能定位为"三个中心"，即奥林匹克中心区通信中心、政府数据支持中心、奥运技术支持中心。

奥运会期间，数字北京大厦成为向奥运会提供通信、信息服务和信息安全保障的中心，以及向公众宣传、弘扬奥运精神与历史的数字展示中心。

数字北京大厦是"数字奥运"的重要硬件设施与技术平台，可以提供多种全覆盖通信形式。基本实现任何人，在任何时间、任何奥运相关场所使用任何信息终端设备都能安全、快捷地获得并支付得起的无语言障碍的个性化服务。

奥运会后，作为奥运遗产，数字北京大厦经过转换与完善将作为北京市的信息化枢纽，为"数字北京"建设服务。工程位于奥林匹克中心区内，东邻国家体育馆，隔成府路与景观西路地下立交隧道，与"水立方""鸟巢"相望，西临北辰西路，与盘古大观大厦相呼应。

该项目规划建设用地 16000m²。总建筑面 96518m²，建筑高度 57m。其中，地上 11 层，地下 2 层。主要建设内容包括通信机房、办公业务用房及相关配套设施。大厦为四片建筑体形，分 A、B、C 三个楼座，A 座为办公区，B 座、C 座为通信机房区。地下 1 层至地上 4 层为共享大厅。

2. 项目管理策划

在"业主项目管理＋施工总承包"的模式中，业主方强调的是总包总负责，积极为总包创造施工条件。总承包方强调的是：服务业主，无分外之事；管理分包，无不管之事。这种管理思想的统一，保证了业主与承包商管理行为的统一。

管理模式要有组织架构与人力支持，才能显现其潜力与效益，组织构架与人力资源的配置就是项目团队建设。团队中的设计、施工、监理三方在以业主为核心的管理机制中融为一体、步调一致、共同保证工程建设目标的实现（图 6.7）。

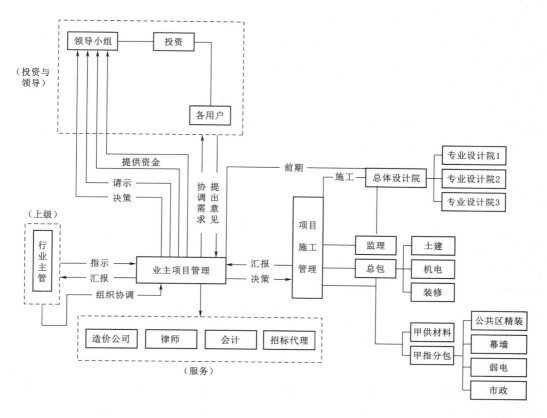

图 6.7　项目管理组织结构

项目团队中的业主方不应是过去老基建班子的翻版，要防止其非专业性、临时性与设计、施工、技术、信息不对称性等。为此，业主方项目管理按专业化、市场化以及相对固定化的原则进行了组建，其人员大多参与过国内外多个建设项目，有担任过施工承包方项目经理的人、有做过监理公司总监的人；还有负责过大工程机电设备安装管理的人，以及国家和市一级评标专家库中的设计、施工、材料方面的专家人员。他们从事建设事业多年，经验较丰富，并有多种专业执业经历与执业资格。另外，还为项目专门委托了造价公司、会计事务所、律师事务所。项目团队中的这些人有擅长领导的、有懂技术的、有管理账本的、有检查条文的、有监督检查的，从而为在品质、品德、品性方面形成高水平的诚信项目管理队伍奠定了基础。

3. 项目的信息管理

在数字北京大厦项目管理实施规划中明确指出"有效地传递信息是项目成功的重要因素"。项目建立的信息管理体系涉及项目所有参建单位，要求能及时、准确、安全地获得项目所需要的信息。按信息收集、传递归档的属性，项目制定了相应的制度，确保信息的真实有效性，计有项目通讯录、文件格式、会议矩阵、会议次数、资料分类、进度报告、文件管理以及各种文件的沟通矩阵等。本项目采用计算机技术，并要求各参建方设专职或兼职信息管理员。电子文本与纸质文本并重。所有有效信息均可追根溯源，引出事情的始末。

随着工程的进展，依据《中华人民共和国档案法》、原建设部和北京市建筑工程质量监督站、城建档案馆对编制工程技术资料的规定以及"8办"的要求，制定了数字北京大厦项目建设工程资料管理暂行规定、数字北京大厦基建办公室档案管理暂行办法。按规定，业主、分包、勘察、设计、监理各单位均应依《北京市建筑工程资料管理规程》(XD-BJ01-51—2003)的表格、记录、计算、统计、整理格式和软件进行计算机管理。使收集、整理、分类的项目资料做到妥善保存，编目有序，便于检索，待竣工验收后半年之内组卷归档，完成向市城建档案馆的移交工作。

数字北京大厦是 2008 奥运相关配套设施工程，地处奥运中心公园内，项目一开始就遵从奥运工程三大理念，在工程实施中结合环境资源管理，实现"绿色奥运""科技奥运""人文奥运"的要求。

关于"绿色奥运"，本工程通过对设计、施工的控制，在环保方面，采用了多元投资，集中建设，资源共享，节约了土地；采用了大面积清水混凝土墙体，减少装饰材料，减少环境污染；室外墙体与共享大厅采用了 FRP 格栅与板材装饰，采用的是可再生材料，利于发展循环经济。在节能方面采用了外墙保温与低辐射 Low-E 玻璃幕墙，降低了热传导。采用 LED 作为景观照明光源，比常规照明节能约 60%。采用节水型供水系统，如雨洪、中水利用系统等，用于景观水池和园林绿化，最大限度地节约用水。采用了空调热回收系统、变新风比、变频空调系统与采暖加湿、除湿和控制技术，达到了节能效果。

关于"科技奥运"，本工程采用了大面积 FRP、LED、清水混凝土、防静电预制水磨石等新技术、新材料。采用了原建设部推荐的压浆灌注桩、预应力锚杆、大模板、综合布线平衡技术等新工程技术。采用了大空间主动智能灭火系统（大水炮）、空气采样智能报警系统、FM-200 备压式气体灭火系统等新消防设备与技术。采用了变配电系统的谐波治理技术，减少了对市政电网的干扰。

关于"人文奥运"，工程在规划设计方面，实现了建筑与功能的统一、内容与形式的统一、建筑与环境的和谐，体现了"以人为本"的设计。在功能方面，提供了多种形式的无障碍设施和条件，为残障人员在大厦内的活动提供便利；提供了多种形式的通信设施并全覆盖，满足了不同用户的个性化需求，实现了任何时间、任何地点、任何形式的网络通信畅通。在使用方面，不仅在赛时充分服务于奥运，而且在赛后将作为遗产服务于数字北京。在施工方面，坚持安全文明施工，连续三次获得"绿色文明施工"奖。

4. 项目竣工与物业管理

项目竣工验收是项目收尾管理的重要内容，为确保工程安全质量，确保工程建设符合相关建设程序要求，确保本大厦满足测试赛及奥运会的需要，基建办与参建各方共同研究制定了"数字北京大厦验收工作方案"，明确了验收原则和依据、验收范围和条件、验收工作流程及职责划分。其中验收工作流程分：过程验收（11 项）、专项检测与专业验收（8 项）、前置（专项行政）验收（9 项）、参建单位工作资料验收（总包、监理、勘察、设计等）、后置（专项行政）验收（3 项）、测试等功能验收。由于验收内容多，时间短，涉及面广，特制定了数字北京大厦工程验收实施计划，按照自验、整改、交验的步骤，使验收工作依法合规、有条不紊地按时完成。

由于奥运工程的特殊性及数字北京大厦部分房间要率先保证运营商和奥运相关部门在大厦整体竣工前进驻使用。针对此情况，进驻和验收采取了一些过渡性措施，以保证验收和结尾工作两不误。

尚未完成整体验收又要部分区域投入使用，且为 2007 年 8 月 8 日开始的"好运北京"测试等提供安全运行保障，是对项目管理团队的一大挑战。为此，业主方牵头，会同奥组委、运营商制定了《2007 年"好运北京"数字北京大厦运行保障方案》，将总包、分包以及机电设备供货厂商都纳入到了这一保障体系之中。各单位实行驻场联合值班，工地待岗执行供电、供水、电梯、水患、火灾、治安、交通、疫情等应急预案，确保"好运北京"体育赛事顺利进行。

考虑到物业管理与建筑物功能正常运行以及项目风险、验收与投资等相关联系和影响，在建设过程中本项目就进行了物业管理总体规划，将物业管理指导思想、物业管理方式与组织形式、物业管理的主要内容、物业管理的费用评估、物业服务标准和目标等要求纳入了工程项目收尾管理之中。按照公共建筑的常规做法，并结合未来本项目的基础物业需求，物业管理公司定在本项目机电设备安装前进入，随工程同步熟悉相关设备及各专业分项工程实施过程，并掌握其性能、特点及维护要求。为此，数字北京大厦按大物业（总投资范围的公共设备、设施和区域）小物业（运营商自用设备、设施和区域）管理分开的原则，在结构封顶后就启动进行了公共部分的物业管理招标工作。依据国家颁布的《物业管理条例》和《北京市物业管理招标投标办法》公正、公平、公开地评选出中标的物业管理公司，随即该公司组织起专业技术和管理人员共 30 余名加入到业主项目管理的团队中开始全面介入其相关工作，尤其是机电设备专业人员，他们以其积累的物管运行经验给设备安装、调试、保养提出了许多可以借鉴的宝贵意见。物业公司的保安、餐饮介入对工程后期提供了良好的服务条件。把物业管理提前纳入到项目管理内,可以实现建设界面清晰,且建设与运行又无缝连接和减少返工提高投资效益的目的。

通过三年的实践,该建设项目管理模式符合本工程实际,且行之有效。一是项目的可控制性好,参见各方需求与利益矛盾易于协调;二是人员规模精练,不会产生建设期后的人员安排问题;三是市场化程度和专业化水平高,避免了传统基建模式的不利因素,保证了工程建设的质量,实现了工程建设目标。

# 课　后　练　习

## 一、基础训练

1. 什么是工程管理信息化?

2. 工程管理的信息资源包括哪些?

3. 信息管理手册包括哪些主要内容?

4. 设计开发项目管理信息系统的工作包括哪三个方面?

5. 项目实施过程中,对文档管理通常的分类方法有哪些?

6. 美国国家 BIM 标准（NBIMS）对 BIM 的定义是什么?

7. 工程项目中软件信息的获取方式通常有哪些?

## 二、考证进阶

1. 项目信息管理的目的是通过对有效的项目信息传输的组织和控制,为项目的（　　）提供服务。

A. 技术更新

B. 档案管理

C. 信息管理

D. 建设增值

2. 建设工程项目信息,按其内容属性可分为（　　）。

A. 资源类信息

B. 组织类信息

C. 管理类信息

D. 技术类信息

E. 经济类信息

3. 按建设工程项目信息的内容属性,单位组织信息,项目参与方的组织信息,专家信息等属于（　　）信息。

A. 管理类

B. 组织类

C. 经济类

D. 技术类

4. 下列工程项目管理工作中,属于信息管理部门工作任务的是（　　）。

A. 工程质量管理

B. 工程安全管理

C. 工程档案管理

D. 工程进度管理

5. 建设工程项目管理信息系统主要用于项目的（    ）。

A. 投标报价

B. 合同管理

C. 目标控制

D. 技术资料管理

6. 程项目管理信息系统中，进度控制的功能有（    ）。

A. 编制资源需求量计划

B. 根据工程进展进行施工成本预测

C. 进度计划执行情况的比较分析

D. 项目估算的数据计算

E. 确定关键工作和关键路线

7. 工程项目管理信息系统的成本控制功能包括（    ）。

A. 计划成本与实际成本的比较分析

B. 进行项目的估算、概算的比较分析

C. 根据工程进展进行成本预测

D. 合同执行情况的查询和统计分析

E. 计算实际成本

8. 在项目实施过程中，为了便于进行文档管理，首先得将它们分类。通常的分类方法有（    ）。

A. 重要性：必须建立文档，值得建立文档，不必存档

B. 资料的提供者：外部、内部

C. 登记责任：必须登记、存档，不必登记

D. 特征：书信、报告、图纸等

E. 产生方式：原件、拷贝

9. 在当今时代，应重视利用信息技术的手段进行建设工程项目信息管理，其核心手段是（    ）。

A. 编制统一的信息管理手册

B. 制定统一的信息管理流程

C. 建立基于网络的信息沟通制度

D. 建立基于网络的信息处理平台

10. 软件信息的获取方式通常有（    ）。

A. 观察

B. 正规的询问，征求意见

C. 闲谈、非正式沟通

D. 正规的报告

### 三、思政拓展

软件信息在管理决策和控制中起着很大的作用，但它在正规的报告中较少涉及到，又不能通过正常的信息流通过程取得，你认为软件信息的获取方式有哪些，具体应该怎么做？

# 课后练习参考答案

**项目1 考证进阶**
1.B 2.A 3.C 4.D 5.A 6.C 7.AE 8.ACE 9.ABCE 10.B 11.B 12.D 13.A 14.ABC 15.ABCE 16.A

**项目2 考证进阶**
1.C 2.D 3.D 4.A 5.A 6.A 7.A 8.AE 9.CDE 10.D 11.C 12.BCE 13.B 14.B 15.B 16.BCE 17.ACD 18.ACD 19.D 20.BCD

**项目3 考证进阶**
1.D 2.A 3.A 4.A 5.D 6.A 7.C 8.D 9.BCDE 10.CE

**项目4 考证进阶**
1.A 2.BD 3.C 4.D 5.B 6.A 7.D 8.D 9.C 10.D 11.ABD 12.C 13.AC 14.C 15.B 16.B 17.C 18.B 19.A 20.D 21.D 22.D

**项目5 考证进阶**
1.B 2.C 3.D 4.D 5.C 6.A 7.C 8.ABE 9.AC

**项目6 考证进阶**
1.D 2.BCDE 3.B 4.C 5.C 6.ACE 7.ACE 8.ABCDE 9.D 10.ABC

# 参 考 文 献

［1］ 中华人民共和国住房和城乡建设部. 建设工程项目管理规范 GB/T 50326—2017 ［R］. 北京：中国建筑工业出版社，2017.

［2］ 全国二级建造师执业资格考试用书编写委员会. 建筑工程施工管理 ［M］. 北京：中国建筑工业出版社，2020.

［3］ 中国建筑业协会项目管理委员会. 中国工程项目管理知识体系 ［M］. 北京：中国建筑工业出版社，2011.

［4］ 中华人民共和国国家质量监督检验检疫总局，中国国家标准化管理委员会. GB/T 19000—2016/ISO 9000：2015 质量管理体系 基础和术语. 中国标准出版社，2017.

［5］ 建设部政策法规司人教司. 建设行政人员法律知识读本 ［M］. 北京：中国建筑工业出版社，2001.

［6］ 李君. 建设工程安全技术交底手册 ［M］. 北京：中国建筑工业出版社，2007.

［7］ 中国建筑工程总公司. 施工现场职业健康安全和环境管理方案及案例分析 ［M］. 北京：中国建筑工业出版社，2006.

［8］ 中国建筑工程总公司. 施工现场职业健康安全和环境应急预案及案例分析 ［M］. 北京：中国建筑工业出版社，2006.

［9］ 中国建筑工程总公司. 施工现场危险源识别风险评价实施指南 ［M］. 北京：中国建筑工业出版社，2008.

［10］ 中国建筑业协会工程项目管理委员会. 建设工程项目管理规范实施手册 ［M］. 北京：中国建筑工业出版社，2007.

［11］ 李君. 施工企业职业健康安全管理体系运作实物 ［M］. 北京：中国建筑工业出版社，2004.

［12］ 李君. 工程建设企业职业健康安全管理体系内部审核员培训教程 ［M］. 北京：中国标准出版社，2005.

［13］ 全国二级建造师执业资格考试用书编写委员会. 建筑工程施工管理 ［M］. 北京：中国建筑工业出版社，2020.

［14］ 中国建筑业协会工程项目管理委员会. 建设工程项目管理规范实施手册 ［M］. 北京：中国建筑工业出版社，2007.

［15］ 李君. 施工企业职业健康安全管理体系运作实物 ［M］. 北京：中国建筑工业出版社，2004.

［16］ 李君. 工程建设企业职业健康安全管理体系内部审核员培训教程 ［M］. 北京：中国标准出版社，2005.

［17］ 全国二级建造师执业资格考试用书编写委员会. 建筑工程施工管理 ［M］. 北京：中国建筑工业出版社，2020.